全国特种作业人员安全技术培训考核统编教材

石油天然气司钻作业

《全国特种作业人员安全技术培训考核统编教材》编委会

刘晓宇　编著

气象出版社

图书在版编目(CIP)数据

石油天然气司钻作业/《全国特种作业人员安全技术培训考核统编教材》编委会编. —北京:气象出版社,2007.9

(全国特种作业人员安全技术培训考核统编教材)

ISBN 978-7-5029-4349-3

Ⅰ.石… Ⅱ.全… Ⅲ.油气钻井—技术培训—教材 Ⅳ.TE2

中国版本图书馆 CIP 数据核字(2007)第 129888 号

气象出版社出版

(北京市海淀区中关村南大街 46 号 邮编:100081)

总编室:010-68407112 发行部:010-68409198

网址:http://cmp.cma.gov.cn E-mail:qxcbs@263.net

责任编辑:彭淑凡 终审:陆同文

封面设计:王 伟 责任技编:陈 红 责任校对:赵 寒

*

北京中新伟业印刷有限公司印刷

气象出版社发行 全国各地新华书店经销

*

开本:850×1168 1/32 印张:8 字数:203 千字

2007 年 9 月第 1 版 2007 年 9 月第 1 次印刷

定价:16.00 元

前　言

电工作业、金属焊接切割等一些特种作业容易发生伤亡事故，对操作者本人、他人及周围设施、设备的安全造成重大危害。从统计资料分析，大量的事故都发生在这些作业中，而且多数都是由于直接从事这些作业的操作人员缺乏安全知识，安全操作技能差或违章作业造成的。因此，依法加强直接从事这些作业的操作人员，即特种作业人员的安全技术培训、考核非常必要。

为保障人民生命财产的安全，促进安全生产，《安全生产法》、《劳动法》、《矿山安全法》、《消防法》、《危险化学品安全管理条例》等有关法律、法规作出了一系列的强制性要求，规定特种作业人员必须经过专门的安全技术培训，经考核合格取得操作资格证书，方可上岗作业。原劳动部曾制定了相应的培训考核管理规定和培训考核大纲，并编写了特种作业人员培训考核统编教材，对推动此项工作发挥了重要作用。1998 年国务院机构改革后，原劳动部承担的职业安全监察、矿山安全监察及安全综合管理职能划入国家经贸委。为适应社会主义市场经济的发展和劳动用工制度改革、劳动力流动频繁的新形势，防止各地特种作业人员实际操作水平的参差不齐，避免重复培训、考核和发证，减轻持证人员的负担和社会的总体运营成本，统一规范特种作业人员的培训、考核工作，当时的国家经贸委以 2000 年第 13 号令的形式发布了《特种作业人员安全技术培训考核管理办法》，在全国推广和规范使用具有防伪功能的 IC 卡《中华人民共和国特种作业操作证》，并实行统一的培训大纲、考核标准、培训教材及证件，此项工作一直持续至今，本套教材是与之相配套并由国家经贸委安全生产局直接组织编写的。2001 年国家经贸委安全生产局从国家经贸委独立出来成立安全生产监督管理局时，这套教材的编写工作随之转入新的机构，并在

2002年国家安全生产监督管理局“关于做好特种作业人员安全技术培训教材相关工作的通知”中加以确认。2006年国家安全生产监督管理总局第3号令《生产经营单位安全培训规定》重申了“生产经营单位的特种作业人员，必须接受专门的安全培训，经考核合格，取得特种作业操作资格证书后，方可上岗作业”这一基本原则，同时对特种作业的范围、培训大纲和标准也在进行必要的调整。为了适应新的形势的要求，在总结经验并广泛征求各方面意见的基础上，我们对这套教材进行了第三次大规模的修订，新修订的教材基本包括了全部的特种作业工种共30余种。本次修订根据主编罗音宇先生的意见，由成秀虎总体策划和组织，在修订时既充分考虑了原有教材的体系和完整性，保留了原有教材的特色，又根据新的情况，从品种和内容方面做了必要的修改和补充，力争有所超前，如增加了石油天然气司钻作业，装载机、挖掘机操作技术等新的品种。为了便于各地特种作业人员的培训，还开发了与之相配套的复审教材和考试题库供各地选用。

本套教材在编审和修订过程中，先后得到了武汉安全环保研究院、天津市劳动保护教育中心、河南省劳动保护教育中心、北京市事故预防中心、青岛市安全生产监督管理局、武钢矿业公司、大冶有色金属公司、鲁中冶金矿业公司、淮南矿务局、大冶铁矿、铜录山铜矿、梅山铁矿、马钢南山铁矿、南芬铁矿、鸡冠咀金矿、湖北省经贸委安全生产处、湖南省经贸委安全生产处、山东省安委会办公室等单位的大力支持，以曲世惠、王红汉、徐晓航、张静等为代表的一大批作者和以闪淳昌、任树奎、杨富等为代表的一大批专家也为此套教材的出版做出了巨大贡献，限于篇幅这里恕不一一列举，谨表衷心地谢意。

《石油天然气司钻作业》主要由**刘晓宇**编著，其他参与编写的人员有**袁发达**、**田伯祥**、**谭泰**、**吴国昌**、**李志斌**、**张礼峰**、**吴芹**、**孟文勇**、**汪晶**、**陆启宣**、**王海勇**、**王进军**。本书在编写、审定的过程中，得到了江苏石油勘探局、华北石油局的大力支持，在此表示感谢！

本书编委会

2007年8月

目 录

第一章　石油地质基础知识

石油与天然气都埋藏在地下不同深度的岩层中，为了勘探和开发油气资源，需要了解石油地质基础知识，掌握油田地层沉积顺序、岩石的机械性质和地质录井方法。

第一节　地质基础知识

地球从表面至地心可分为三部分：地壳、地幔、地核。地壳是从地表面到 35 km 深处；地幔是从 35 km 到 2900 km 深处；地核是从 2900 km 到地心。地壳是由各种岩石构成的，又称岩石圈。

一、岩石

（一）矿物

矿物是地壳中的元素在各种地质作用下形成的产物。岩石是由矿物组成的，一般常见的矿物有石英、长石、云母、方解石、白云石、黏土矿物等。

矿物的物理性质主要包括：颜色、解理、断口、硬度、密度、脆性、弹性、挠性等。

（二）岩石的分类

岩石就是日常所称的石头。它是在地壳形成与发展过程中，在各种地质作用下形成的自然产物，是地壳的主要组成部分；它是由一种或几种造岩矿物或部分天然玻璃质所组成的固态集合体，具有一定的结构、构造及稳定的外形。

地壳中的岩石按其成因不同可分为三大类：岩浆岩（火成岩）、变质岩和沉积岩。

1. 岩浆岩

岩浆岩是岩浆在一定地质作用的影响下，由地壳深处沿着裂隙侵入地壳表层或喷出地表，经过冷凝和结晶而形成的岩石。特点是无层次，块状，一般都很致密而坚硬。

常见的岩浆岩有橄榄岩、辉长岩、玄武岩、闪长岩、花岗岩和流纹岩等。

岩浆岩与油气的关系：岩浆岩虽然不能生油，但如果具备良好的连通孔隙或裂缝，并处在油气聚集的有利地带，构造条件又很好，可以储集石油和天然气，形成具有工业价值的油气藏，如辽河兴隆台油田就是在岩浆岩处钻出千吨井。因此钻遇岩浆岩时应引起足够重视。

2. 变质岩

变质岩就是岩浆岩或沉积岩在地壳内部的物理化学因素（如高温、高压、岩浆的同化等）影响下，经过变质作用改变了原来岩石的成分和结构而变成的新岩石。例如石灰岩变质成大理岩，花岗岩变质为片麻岩。

变质岩中没有残存下来的生物化石，它与岩浆岩的主要差别是具有变晶结构，呈片状、片麻状、板状等构造。

常见的变质岩有板岩、片岩、千枚岩、片麻岩、大理岩和石英岩等。

变质岩与油气的关系：变质岩不能生成油气，而且变质作用对油气保存也不利。但在特殊条件下，也能形成油气，如玉门鸭儿峡油田在变质岩中发现了工业油流。

3. 沉积岩

沉积岩是由各种沉积物组成的岩石，它是在地壳表层条件下，主要是母岩（即岩浆岩、变质岩及早期形成的沉积岩）的风化产物，经搬运、沉积及成岩作用而形成的一类岩石。

石油生成在沉积岩里，并大多数也储存在沉积岩的孔隙、裂缝和溶洞中。

（1）沉积岩的分类

沉积岩根据成因和物质成分，分为碎屑岩（如砾岩、砂岩等）、黏土岩（泥岩、页岩等）、碳酸盐岩（石灰岩、白云岩等）和生物岩（油页岩等）四类。

常见的沉积岩有泥岩、页岩、砂岩、砾岩、石灰岩等。

（2）沉积岩的构造

沉积岩的构造是指岩石的外貌特征，即岩石的组成部分在空间的分布及相互的位置关系。主要是层理构造，其次是层面构造和岩层内部构造。

（3）沉积岩的层理

层理是岩石性质（如成分、结构、颜色等）沿垂直方向发生突变而显示出来的层状现象。层理是沉积岩最典型、最主要的特征之一。

不同的沉积环境，岩石中会出现不同类型的层理（见图 1-1）。常见的层理包括水平层理、波状层理和斜层理（包括单向斜层理和双向斜层理）三种基本类型，它们能够反映一定的沉积环境。

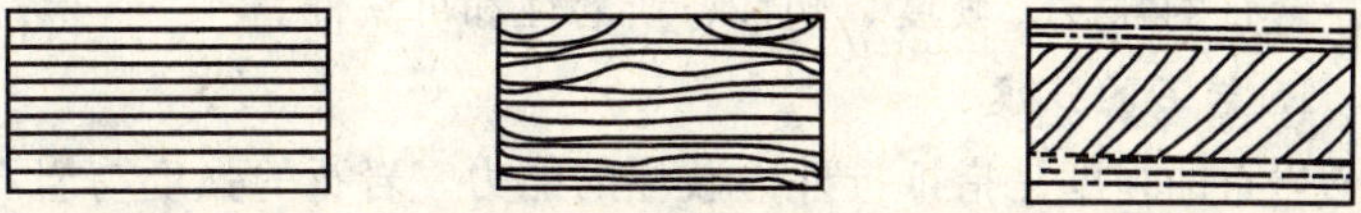

（a）水平层理　　（b）波状层理　　（c）斜层理

图 1-1　层理类型示意图

（4）沉积岩的层面构造

在沉积岩中，常见的层面构造有波痕、冲刷痕迹和干裂。除了常见的层面构造外，在沉积岩层面上还可见到古代生物活动遗留下来的虫孔、足迹以及雨痕、冰雹印痕、盐类的晶体假象等。

（5）沉积岩的韵律

沉积岩的韵律是指相似岩性的岩石在地层垂直剖面上周期性

的重复现象，通常称为沉积韵律或沉积旋回。

沉积韵律（或沉积旋回）是沉积岩的又一重要特征，表现为岩性、颜色、结构（主要指颗粒的粗细）、构造（主要指层理的类型）等有规律的重复出现。其类型有三种，即正旋回、反旋回和复合旋回。正旋回的特点是岩性自下而上由粗变细；反旋回的特点是岩性自下而上由细变粗；复合旋回是一个完整的沉积旋回，包括正旋回和反旋回两部分，岩性是上下粗、中间细。

(6) 沉积岩与油气的关系

沉积岩与油气的关系非常密切，它既能生油，也能储油，还可以作盖层。实践证明，世界自发现油田以来，99%以上的油田都分布在沉积岩地区。暗色的黏土岩类和富含有机质的碳酸盐岩都是很好的生油层；碎屑岩类或裂缝、溶洞发育的碳酸盐岩是良好的储油层；黏土岩类或致密的碳酸盐岩又是极好的盖层。油页岩本身就是产油的一种岩石。

（三）岩石的机械性质

岩石在外力作用下，从变形到破碎的过程中所表现出来的力学性质称为岩石的机械性质。与石油钻井有关的机械性质主要有：岩石的强度、硬度、塑性、研磨性和可钻性。

1. 岩石的强度

岩石的强度是指抵抗外力破坏的能力。岩石的强度与岩石的孔隙度有关，孔隙度越大，岩石的强度就越小；岩石的强度还与岩石的物质成分有关，由硬度较高的矿物组成的岩石其强度也较高。

根据外力性质的不同，岩石的强度分为抗压、抗拉、抗剪和抗弯强度等。一般情况下，岩石的几种强度关系为：抗压＞抗剪＞抗弯＞抗拉。

2. 岩石的硬度

岩石的硬度是指岩石抗压入的极限强度。岩石的硬度与造岩矿物的成分、孔隙度、胶结物的性质有关，如砂岩的硬度随胶结物强度的增大而增大。胶结物强度关系一般为：硅质＞铁质＞钙质>泥质。

3. 岩石的塑性

在外力作用下，岩石破碎前呈现永久变形的性质称为岩石的塑性。不呈现永久变形的性质叫做岩石的脆性。岩石产生塑性变形是由于内部矿物颗粒及矿物胶结物颗粒间的接触面在外力作用下发生相对滑移造成的。

塑性岩石一般强度较小，钻头吃入塑性岩石比吃入脆性岩石容易，当钻井中遇到塑性岩石时，可采用切削破碎的方式。

4. 岩石的研磨性

钻头破碎岩石的同时，其本身也受到岩石的磨损，这种岩石磨损钻头的能力称为岩石的研磨性。

岩石的研磨性与造岩矿物的成分、硬度及胶结物的强度有关。石灰岩、泥质页岩、板岩等属于研磨性较小的岩石，而各种石英砂岩、粗中粒花岗岩、燧石等都属于研磨性较大的岩石。

5. 岩石的可钻性

岩石的可钻性是指在一定技术条件下，钻开岩石的难易程度，也可理解为钻进过程中岩石抗破碎强度的大小。

岩石的可钻性与岩石组成、机械性质、破岩方式、钻井参数、钻井液性能等许多因素有关。可钻性是选择钻头类型、确定钻井参数、制定钻井生产定额等的重要依据。

6. 岩石性质对钻井的影响

岩石性质对钻井工作的影响主要表现在：影响钻进速度与钻头进尺；使钻井过程中出现井漏、井喷、卡钻等复杂情况；钻井液受到污染、性能变坏；井径不规则，进而影响到测井、固井等。

(1) 对不同地层的影响

1) 黏土岩层：泥岩、页岩一般较软，钻速快，但容易产生钻头泥包，需要注意钻头的合理选择。这种地层极易吸收钻井液中的自由水而膨胀，使井径变小，造成下钻遇阻，甚至发生卡钻；随着浸泡时间的延长，又会产生剥蚀掉块，使井径扩大，井壁产生垮塌现象，造成井塌。

2）砂岩层：砂岩层一般来说是较好的渗透层，在井壁上容易形成较厚的泥饼，易引起泥饼黏附卡钻。另外厚泥饼对测井也有影响，所以必须使用优质钻井液，使其在井壁上形成薄而韧的泥饼，这对于钻开油气层尤为重要。

3）砾岩层：在砾岩层钻井容易发生跳钻、蹩钻和井壁垮塌。这就要求正确判断地层情况，采取相应的措施。

（2）对井眼质量的影响

在钻遇流砂层、黏土层以及断裂很厉害的地层时，井壁容易垮塌而使井径变大，形成“大肚子”；在钻至某些泥岩、页岩时，因为这些地层容易吸收钻井液中的水而发生水化膨胀，使井眼缩小，造成井眼形状的不规则。

在钻至倾角较大的地层或软硬交错的地层交接面、断层面时，钻头在井底受力不均匀，工作不平稳，就可能会导致井眼方向的偏斜，即井斜。井眼偏斜的角度和方位在很短时间内发生较大的变化，就形成严重的“狗腿”，它将对钻井工作产生严重的不良影响。针对这种情况，要制定好使用扶正器等一系列的防斜措施，送钻要均匀，钻压不能过大，处理好交接面。

二、地层和地质构造

在地壳发展过程中，某一地质时期的沉积物保留下来后，所形成的一套层状岩石组合叫地层。地层的单位由大到小分为宇、界、系、统、阶、带。

（一）地质时代

由于地层是在不同的时代里沉积的，先沉积的是老地层，后沉积的是新地层。各地大致相同时期沉积的某一地层，称为某时代的地层。在其上新沉积的地层则为另一新的地质时代的地层。这样根据新老地层就可以确定出地质年代次序。这种表明地层形成先后顺序的时间概念，称为相对地质时代，也就是通常所说的地质时代。

地质时代单位由大到小分为宙、代、纪、世、期、时。地质时代表如表 1-1 所示。

表 1-1　地质时代表

宙（宇）	代（界）	纪（系）
显生宙	新生代	第四纪
		新第三纪
		老第三纪
	中生代	白垩纪
		侏罗纪
		三叠纪
	古生代	二叠纪
		石炭纪
		泥盆纪
		志留纪
		奥陶纪
		寒武纪
隐生宙	元古代	晚元古代
		早元古代
	太古代	
	地球初期发展阶段（地壳形成之前）	

（二）地层沉积顺序

在地球历史发展的每一阶段，地球表面都有一套相应的地层生成。正常情况下，后形成的地层总是盖在先形成的地层上面，越在上面的地层，其年龄越小。

根据寻找油气藏及其他矿藏的需要，必须搞清地层沉积顺序，才能进行有关地质方面的研究，顺利进行石油和天然气的勘探与开发。地层沉积顺序见表 1-2。

表 1-2 地层沉积顺序表

界	系	统	界	系	统
新生界	第四系	全新统	上古生界	泥盆系	上泥盆统
		上更新统			中泥盆统
		中更新统			下泥盆统
		下更新统	下古生界	志留系	上志留统
	上第三系	上新统			中志留统
		下新统			下志留统
	下第三系	渐新统		奥陶系	上奥陶统
		始新统			中奥陶统
		古新统			下奥陶统
中生界	白垩系	上白垩统		寒武系	上寒武统
		下白垩统			中寒武统
	侏罗系	上侏罗统			下寒武统
		中侏罗统	上元古界	震旦系	上统
		下侏罗统			下统
	三叠系	上三叠统		青山口系	
		中三叠统		蓟县系	
		下三叠统		长城系	
上古生界	二叠系	上二叠统	下元古界	滹坨群	
		下二叠统			
	石炭系	上石炭统		五台山	
		中石炭统			
		下石炭统	太古界	泰山群	

（三）地质构造

在地壳运动影响下，组成地壳的岩层不断发生变形或变位，使这些岩层的原始产状发生改变，形成一定的地质构造形态。这种在地壳运动的影响下，岩层变动后形成各式各样的几何形体，称为地质构造。主要的地质构造有褶皱构造和断裂构造。

1. 褶皱构造

地壳中的岩层在地壳运动作用下，使水平岩层受力发生塑性变形，形成各种各样的形态弯曲，但仍然保持岩层的连续完整性，称为褶皱构造。

岩层的每一个弯曲称为褶曲，褶曲是褶皱的基本单位。一系列褶曲的组合就是褶皱。

褶曲的基本类型可分为背斜褶曲、向斜褶曲两种。背斜褶曲：岩层向上拱起弯曲，两翼岩层相背倾斜，核部为老岩层，两翼为新岩层。向斜褶曲：岩层向下弯曲，两翼岩层相向倾斜，核部为新岩层，两翼为老岩层。

背斜褶曲是油、气聚集的主要场所之一，世界上大多数的油气田都是在背斜褶曲构造中发现的。在含油气区，一个背斜就有可能成为一个油气田。背斜构造往往成组成群出现，因此在一个构造发现油气田以后，常可在相邻的其他构造上也能找到油气田。

2. 断裂构造

地壳中的岩层受到力的作用后，如果这种力超过了岩层的强度，就会使岩层破裂或沿破裂面发生位移，使岩层连续完整性遭到破坏，这种构造称为断裂构造。

断裂构造可分为裂缝和断层两大类。

(1) 裂缝：岩层沿断裂面未发生明显的相对位移的断裂构造，称为裂缝。裂缝通常发生在脆性岩石里，对于疏松的、可塑性很大的岩层裂缝是少见的。

(2) 断层：地层发生断裂，而且断裂两侧的岩层沿断裂面发生相对位移的断裂构造，称为断层。

1) 断层要素

①断层面：即岩石的破裂面，这个面的两侧岩层发生了明显的相对位移（见图 1-2）。②断层线：断层面与地面的交线。③断层的两盘：断层面两侧的岩块，称为断盘。当断盘面倾斜时，位

于断层面上侧的岩层称为上盘；位于断层面下侧的岩层称为下盘（见图 1-2）。相对上升的一盘，称为上升盘；相对下降的一盘，称为下降盘。④断距：两盘沿断层面相对移动的距离称为断距。

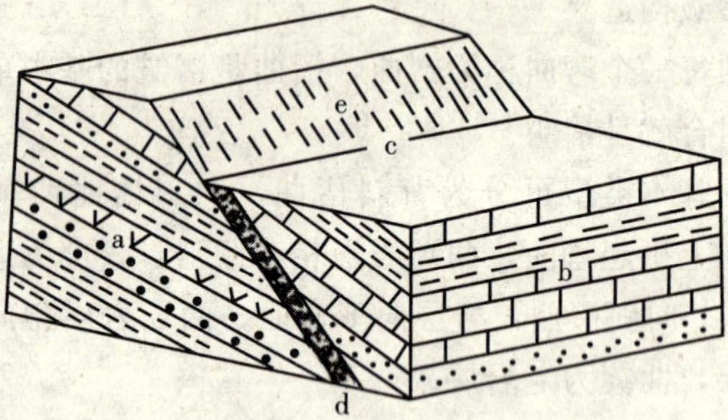

图 1-2　断层要素

a—下盘；b—上盘；c—断层线；d—断层破碎带；e—断层面

2）断层分类

根据断层两盘相对运动的方向，断层可分为：①正断层，上盘相对下降，下盘相对上升的断层；②逆断层，上盘相对上升，下盘相对下降的断层；③平移断层，两盘沿断层走向发生相对位移的断层。

3）断层与油气的关系

断层与油气的关系有两个方面。一方面是断层可以使早期形成的油气藏受到破坏；另一方面是断层在适当的条件下可以形成断层遮挡型油气藏，而且对于断块油气藏的形成分布起着一定的控制作用。

4）断层与钻井的关系

断层与钻井的关系很密切，在断层附近的岩层容易垮塌，钻遇断层时容易发生井漏、井斜。当钻遇正断层时，可发现地层缺失；钻遇逆断层时，则会发现地层重复。断层的存在可以使钻探遇到目的层提前到达，或者推迟。

第二节 钻井地质录井

钻井过程中收集地下地质资料的过程称为钻井地质录井。目的在于弄清地下的地质情况，查明地下油、气、水层的分布，为制定油气田勘探和开发方案提供可靠的资料依据。钻井中的地质录井主要有：钻时录井、岩屑录井、岩心录井、荧光录井等。

一、钻时录井

钻时录井是通过计时器把实钻一个规定的单位进尺的时间反映并记录下来的过程，一般用“min/m”表示。

1. 钻时录井的方法

在钻时录井过程当中，要经常计算井深和方入，以便随时校对井深，保证井深不出差错。如果井深不准，就必然引起钻时记录不准，甚至影响岩屑录井、岩心录井的质量，造成一系列无法纠正的错误。

（1）井深计算

井深＝钻具总长＋方入

钻具总长＝钻头长度＋接头长度＋钻铤长度＋钻杆长度

（2）方入计算

钻时录井中常用到的是到底方入和整米方入。到底方入就是钻头接触井底时的方入。整米方入就是井深为整米时的方入。钻进时由于每个单根的长度不同，到底方入也不相同。因此，每换一个单根就必须计算一次到底方入。

方入＝井深－钻具总长

到底方入＝方钻杆有效长度－单根长（正常钻进时）

整米方入＝到底方入＋井深整米差

或：

整米方入＝整米井深－钻具总长

2. 钻时录井的记录方法

把井深、到底方入、整米方入计算正确后，只要按间距记录整米方入由浅到深的钻达时刻，两者之差即为单位进尺所需时间，称为钻时。

钻时录井的记录方法就是将钻时、接单根、停钻、停泵、变泵等一些情况详细记录在钻时记录表上。现场有专用于钻时录井记录的表格。

钻时的变化能反映地层的坚硬或松散程度，根据钻时长短可以粗略判断岩性和进行地层对比。根据钻时记录绘制钻时曲线，并结合有关地质资料，对地层、岩性、含油气等情况进行综合分析。

二、岩屑录井

1. 岩屑录井的概念

在井不断加深的过程中，按照一定的取样间距和迟到时间，将岩屑连续收集起来进行观察、分析，并综合运用各种录井资料进行岩屑归位，以恢复地下原始剖面的过程，即为岩屑录井。

2. 岩屑录井的方法

(1) 管理好井下钻具：接单根和下完钻时，都应计算和丈量方入；倒换钻具时，更需认真计算，反复核对，避免出现差错，确保井深准确无误。

(2) 测量计算准迟到时间：由于岩屑自井底到井口需要一段时间，在这一时间内钻头继续钻进，造成每次捞到的岩屑不能代表捞屑时的井底深度，这种现象叫岩屑迟到现象。为了弄清每次捞取的岩屑确切深度，必须进行深度校正。岩屑从井底返到井口所需要的时间就是通常所说的岩屑迟到时间。现场常用实测法测量迟到时间。

实测法：用玻璃纸或染色的岩屑、红砖块、白瓷块做指示物。接单根时，把它们从井口投入钻杆内，指示物从井口随钻井液经过钻杆内到井底，又从井底随钻井液沿钻杆外的环形空间返到井口振动筛处，这个过程叫做一个循环周。在实测过程中，记下开泵时间和发现第一块指示物的时间，循环周时间即为二者之差。

所求的迟到时间是指示物从井底到井口的上行时间，这个时间等于循环周时间减去下行时间（下行时间等于钻杆内容积加上钻铤内容积除以泵排量）。

（3）捞取砂样：根据规定的取样间距和测算的迟到时间捞取砂样。砂样取出后用清水洗净，晾干（或烘干）。不能用火烤，以免变质。含油的砂样不要用水洗，应立即进行化验。管理好的砂样用袋子包好，逐袋注明井号、井深和取样日期，并依次编号，妥善保管。

三、岩心录井

1. 岩心录井的概念

在石油钻井过程中，为更清楚、更直观地反映地下岩层的特征，利用取心工具，将井下一定深度地层的岩石以柱状形式取上来，就叫岩心录井。这种柱状岩石称为岩心。

2. 岩心录井的方法

（1）根据取心原则，确定取心层位；

（2）合理选择取心工具；

（3）充分做好取心准备工作准确丈量取心工具和方入，合理选择割心位置、取心器材，现场工作人员的合理分工等；

（4）岩心取出后，应将外部钻井液洗去，有油者用刀刮去钻井液，用蜡封好按顺序排列，准确丈量长度后，放入岩心盒内，妥善保管。

岩心是反映地层最真实、最准确、最直观的资料，在取心钻井中要努力提高岩心收获率。岩心收获率是指某一次钻进取出岩心的长度和进尺长度之比。

$$岩心收获率=\frac{一次钻进取出的岩心长度}{一次钻进的进尺长度}\times 100\%$$

四、荧光录井

1. 荧光录井的概念

石油中的油质、沥青质等在紫外光的照射下，能发出一种特殊的亮光。根据石油组成表现出的亮度及颜色差别，测定出石油的含量和组成成分，对油、气层进行定性和定量解释，这就是荧光录井。

2. 荧光录井的方法

目前应用荧光分析的方法有：岩屑干照、点滴分析、系列对比、毛细分析、组分分析及荧光显微镜分析等。在现场荧光录井时，由于条件限制，一般多采用岩屑干照、点滴分析的方法。

（1）岩屑干照法：通常采用的办法是将全部录井岩屑按顺序逐包置于荧光灯下观察，看是否有荧光显示。含油岩屑在紫外光下呈现浅黄色、黄色、亮黄色、棕色、棕褐色等。根据含油岩屑在荧光灯下所呈现的颜色，可以区别油质的好坏。好的油质发光颜色强，呈黄、金黄、棕黄色，岩屑表面好像涂上了一层金黄色的花粉；坏的油质发光颜色较暗，呈褐色、棕褐色。含油饱满的岩屑就像固结的红砂糖块。

（2）点滴分析法：在滤纸上放一些磨碎的样品，并在样品上滴 1～2 滴氯仿溶液，氯仿立即溶解样品中的沥青，随着溶液的逐渐蒸发，滤纸上滴氯仿部分沥青的浓度也逐渐增大，留下各种形状和各种颜色的斑痕。然后在荧光灯下观察这些发光斑痕，便可大致确定沥青含量及沥青性质。

试验表明，含烃类多的油质呈现天蓝色或微紫—天蓝色的斑点；胶质呈现黄色或黄—褐色的斑点；沥青质呈现黑—褐色斑点。依据这些特点，就可以粗略确定样品中沥青的组成成分。

根据斑痕形状也可以粗略确定沥青的多少。沥青质由少到多反映在斑痕上的变化特点是：点状—细带状—不均匀斑块—均匀斑块。

第二章　钻井设备

钻井设备是指钻井中所需的各种机械设备的总称。如井架、绞车、天车、游车、大钩、转盘、钻井泵、固控设备、发电机组等。

第一节　钻井地面设备

一、钻机总体概述

（一）钻机的组成

钻机是一套能独立完成钻井工程的大功率重型联合机组，它由井架、天车、游车、大钩、水龙头、柴油机、传动箱、绞车、泥浆泵、转盘、发电机组、压风机等单独部件组合而成。

钻机在其总体结构上可分为提升系统、旋转系统、循环系统、气控系统、动力系统和一些配套装置。

（二）钻机的功能

钻井工程要求钻机具备以下功能：

（1）旋转钻进能力：要求机械设备能提供给钻具一定的转矩和转速，并维持一定的钻压。

（2）起下钻具能力：应具有一定的起重量及起升速度。

（3）洗井能力：能提供一定的泵压，使一定液量通过钻杆冲洗井底并将岩屑携带出井。

（4）要求设备性能完好，安全，灵活，操作方便，容易安装、拆卸和运输，钻机易损部件应便于更换。

（三）钻机具备的系统

根据钻井工艺中钻进、起下钻具、下套管等工序需要，钻机一般应具备下列系统与设备。

(1) 提升系统：由绞车、辅助刹车、游动系统（包括钢丝绳、天车、游车、大钩）及悬挂游动系统的井架组成。主要功能是用于起下钻具、下套管以及控制钻压。

(2) 旋转系统：钻机配有转盘、水龙头，井下配有钻杆柱和钻头，有时也使用井底动力钻具。主要功能是旋转钻具，不断破碎地层岩石。

(3) 循环系统：钻机配有钻井泵、地面管汇、泥浆池、泥浆槽和泥浆净化调配设备。主要功能是用洗井液清洗井底，携带已破碎的岩石出井口，保证连续钻进。

(4) 动力设备：主要是指驱动上述三大工作机组的动力设备。一般使用柴油机或交、直流电动机。

(5) 传动系统：主要由传动箱（变矩器）、各型离合器、减速器、传动皮带（链条）组成。主要功能是将动力按各自不同的动力特性需要分配给各工作机组。

(6) 控制系统：主要功能是用以协调指挥各工作机组工作。整套钻机内配有各种控制设备，是钻机的“神经”系统。

(7) 底座：用以安装钻井设备，方便钻井设备的移运。

(8) 辅助设备：钻机应配有供气、供电设备、井口防喷设备、辅助起重设备、冬季保温设备等。

（四）衡量钻机性能的参数

(1) 钻机总体参数：最大井深、最大起重量、总装机功率等。

(2) 提升系统参数：额定钻柱重量、快绳拉力、钢丝绳直径、提升速度和挡数等。

(3) 旋转系统参数：转盘开口直径、转盘转速、转盘挡数、转盘功率等。

(4) 循环系统参数：最大泵压、最大排量、最小排量、钻井泵台数及泵组功率等。

二、钻机提升系统

(一) 提升系统定义

钻机提升系统是指在钻井作业过程中为了起下钻具、下套管以及控制钻压、送钻等作业需要而配套的整个起升设备系统。

(二) 提升系统组成

钻机提升系统主要由井架、天车、游动滑车、大钩、绞车及钢丝绳等组成。

1. 井架

井架是钻采机械提升系统的重要组成部分之一。它是具有一定高度和空间的金属结构物，并具有较好的稳定性。

(1) 井架基本组成

①主体：包括井架大腿、横拉筋。它多为型材组成的空间桁架结构，是主要承载部分。②人字架：位于井架最顶端，可以悬挂滑轮，可以在安装天车和维修天车时起吊天车。③天车台：在井架顶部，用来安装天车和捞砂滑轮。天车台上有修理天车的通道，周围应设有安全防护栏杆。④二层台：位于井架中间。塔形井架在井架内部，其余A、K等类型井架的二层台均在井架的前外侧，主要是为井架工提供起下钻作业的工作场所。它包括井架工操作台和靠放钻杆或钻铤立柱指梁。⑤工作梯：有盘旋式和直立式两种。是井架工上下二层台及天车的通道。⑥立管平台：是操作人员装卸水龙带的工作场所。⑦套管扶正台：下套管作业时，操作人员扶正套管的工作场所。⑧起放井架的导向轴承。⑨钻台：是指在井架底座上用铁板铺成的供钻工井口工作的工作场所。

(2) 井架的功用

①安放天车，悬挂游动滑车、大钩、吊钳及各种绳索等提升设备与专用工具。②在钻井作业过程中，主要是支撑游车系统并

承受井下管柱全部重力。进行起下钻具、下套管和油管操作。③在钻进或起下钻时，用来存放钻铤、钻杆立柱以及方钻杆或其他钻具。④提供足够的空间，方便操作人员安全生产。⑤方便操作人员进行保养、维修等操作。

2. 天车、游车、大钩

在钻机提升设备中将天车、游车和大钩用钢丝绳连接起来，就组成了一个复合滑轮系。在钻井施工过程中，游动滑车、大钩等悬吊系统可在井架内部空间，即从井口到天车台底部之间游动，这些设备统称为游动系统。

(1) 天车：主要由天车架（底座）和滑轮组两部分组成，一般是多个滑轮装在同一根芯轴上或两根轴线一致的芯轴上。滑轮组结构一般为两种形式：一种是几个滑轮装在同一根轴上的单轴天车；另一种是两组滑轮分别装在同一轴心线上的两根轴上的双轴天车。

(2) 游车：形状为流线形，主要是防止起下钻过程中可能卡住二层台上外伸之物，以利于其在空载运行时平稳垂直地下落。现在用的各游车都是一根芯轴，滑轮排成一列，其滑轮结构与天车相似。

(3) 大钩：既是钻机游动系统的主要设备，又是连接水龙头的部件。

1) 大钩结构：①单独大钩，其提环挂在游动滑车的吊环上，可与游动滑车分开拆装。②将游动滑车和大钩做成整体结构的游车大钩，目的是减少游车大钩总高度，充分利用井架有效高度，方便工作。

2) 大钩功用：①钻进时大钩主要是悬挂水龙头，通过水龙头连接钻柱，承受钻柱重力。②起下钻时大钩主要是悬挂吊环，吊卡上悬挂钻柱和立根；下套管时，大钩主要是悬挂套管或管柱，并进行提升或下放作业，直接承受钻柱或套管柱重力。③完成起吊重物，安放设备或起放井架及其他作业和各项辅助工作。

3）大钩的维护保养：①大钩在承受较大冲击载荷（如碰撞、顿钻等）后，应及时检查主要受力部位（吊环、钩身、钩口、侧钩），无异常损坏方可继续使用。②定期检查主要受力部位的磨损情况和是否有裂纹。③大钩的主要受力部位不得在现场进行气割或焊接。④大钩的提环轴、止推轴承、销轴等润滑部位定期（150 h）注油润滑。⑤筒体内的轴承、衬套等部件用 20 号机油润滑，一般连续使用四个月更换一次机油。⑥侧钩挂吊环处，主钩挂水龙头处不定期涂黄油润滑。

3. 绞车

绞车是构成提升系统的主要设备，是钻机的主要工作机之一。

（1）绞车功用

①提供几种不同的起升速度（无级调速）起吊钻柱，满足起下钻具、下套管等作业需要。②悬挂静止钻具。在钻进过程中控制钻压，送进钻柱、钻头。③利用绞车的猫头机构上卸钻具丝扣。④作为转盘变速机构和中间传动机构。⑤对于整体井架，用来起放井架作业。⑥附带捞砂滚筒，可进行提取岩芯、试油作业等工作。⑦安装钻台设备，完成其他辅助工作。

（2）绞车刹车机构及原理

刹车机构是绞车的重要组成部件，由控制部分（刹把）、传动部分（刹车曲轴）、制动部分（刹带、刹车鼓）、辅助部分（平衡梁）和刹车汽缸等组成。绞车的辅助刹车机构有水刹车和电磁刹车两种。

绞车带刹车的原理是当司钻对刹把施加压力时，刹把轴上的主动拐通过连杆带动刹车轴上的被动拐、刹车拐一起转动，通过双杠杆作用将下压力放大，作用在两根刹带的活端，使两刹带紧紧围包在刹车鼓上，此时，刹车块与刹车鼓之间因摩擦产生制动力矩，刹住转动的滚筒。

（3）绞车的润滑

①各滚动轴承、滑动轴承必须按规定时间加注钙基润滑脂，

轴承温度不能高于规定温度。②对于水刹车滚动轴承在每次下钻前加注钙基润滑脂。③各传动链条可用任何牌号的机械油润滑。

三、钻机旋转系统

钻机旋转系统主要作用是：在钻进、循环钻井液的条件下，保证钻具的旋转。

钻机旋转系统组成主要包括转盘、水龙头和顶部驱动部分。

1. 转盘

是钻机关键的旋转设备之一。利用转盘旋转可驱动钻柱、钻头转动，实现钻进作业。

（1）安装：①清除转盘梁上的油污，检查转盘下端盖是否紧固。②将转盘放置在转盘梁上，用四周8个顶丝调整与井口找正，并夹紧转盘，固定牢靠。③连接万向轴，固定牢靠。

（2）转盘功用：①输出扭矩，驱动钻柱、钻头旋转以破碎岩石。②在起下钻具和下套管时，悬挂钻柱或套管柱的重量。③在打捞作业中进行对扣、造扣和倒扣工作。④承受井下动力钻具的反扭矩。

（3）转盘使用检查：①检查锁紧装置上的操纵杆位置，在转盘开动前应在不锁紧位置。②检查固定转台和补心的方瓦所用的制动块和销子，应转动灵活。③检查底座油池中的油位和机油状况，油面应在油标尺上下限的刻度线之间。④检查快速轴上弹簧密封圈是否密封可靠。⑤恢复转盘转动，检查伞齿轮啮合情况，声音是否正常，应无咬卡和撞击现象。⑥检查转盘油池和轴承温度是否正常。⑦检查靠背轮是否有轴向位移，如有则用螺栓紧固端压板。⑧转盘启动应由慢到快，在工作中一定要保持平稳，不能有过热、单边发热及不正常的声音。⑨转盘油池的标尺在每次检查油量后应扣紧，以免污水、泥浆进入油池。⑩严禁使用转盘绷扣。

（4）操作：①合上转盘离合器使转盘转动，摘掉转盘离合器同时合上转盘惯性刹车使转盘停止转动。②转盘换挡：经绞车滚筒轴高速端空套链轮、角传动箱、万向轴传至钻台猫头绞车，再经猫头变速箱、万向轴输入转盘，可使转盘获得4个正挡及2个倒挡。

2. 水龙头

钻机设备中，它既是旋转系统设备，又是循环系统设备的一个部件。它悬挂于大钩下，上接水龙带，下接方钻杆，在旋转钻机中是关键设备。

(1) 水龙头结构，一般包括三部分：①固定部分，由外壳、上盖、下盖、鹅颈管、提环、提环销组成。②旋转和承转部分，由中心管、接头、主轴承、防跳（扶正）轴承组成。③密封部分，由上部机油密封盘根和上、下冲管盘根盒组成。

(2) 水龙头功用：①钻进时悬挂并承受井内的全部重力。②设备静止与旋转的连接点。③循环钻井液的通道，保证钻井工作正常进行。

(3) 水龙头的维护保养：①水龙头在搬运过程中中心管必须戴护丝。②使用前按油池的油尺标记加注机油，冲管盘根盒、机油盘根盒、提环销注黄油。③检查上、下盘根盒压盖，冲管盘根盒是否上紧，并用914 mm的链钳转动中心管，无阻卡方可使用。④新水龙头在使用前必须按规定进行试压（以高于钻进中的最大工作压力1～2 MPa，试压15 min不刺不漏为合格）。⑤新水龙头或长期停用的水龙头必须平稳低速启动，待转动灵活后再提高转速，并开泵冲洗，保证水眼畅通。⑥工作中每班检查一次机油油面，不得低于油标尺的最低刻度线，每两月更换一次机油。⑦工作中每班加注一次黄油，注意冲管盘根注黄油应在不开泵的情况下进行。⑧随时检查冲管上、下盘根是否刺漏；上、下机油盘根是否漏机油，水龙头壳体温度是否过高（应低于70℃）。⑨随时检查鹅颈管连接法兰是否牢固，鹅颈管与水龙带连接油壬是否刺漏。

四、钻机循环系统

为了及时清除井底岩屑，保证连续钻进作业，钻机应配有循环系统。主要包括钻井泵、地面管汇、钻井液池和钻井液槽、钻井液净化设备、调配钻井液设备等，在井下动力钻井中，循环系统还承担着传递动力的任务。

（一）钻井泵

钻井泵是循环系统的关键设备，通常将它称为钻机的心脏。

1. 钻井泵组成

钻井泵主要由液力端和动力端两大部分组成。液力端包括缸体、活塞、吸入阀、排出阀等部件；动力端包括传动轴、齿轮副、曲柄连杆机构等部件。

为减小因钻井泵瞬时排量变化而产生压力波动，使泵压平稳，保护设备不致因剧烈震动而造成损坏，钻井泵还配有空气包装置。使用较广泛的是球形隔膜式预压空气包，它主要由壳体和橡胶囊组成。胶囊上口被固定在壳体上，工作时随排出压力的变化，胶囊底部上下运动，以储存或挤出液体。

为了保证钻井泵及设备和井下安全，在泵的排出口部位都设有安全阀，当排出管内压力升高而憋泵时，安全阀被打开放压，从而起安全保护作用。钻井泵常用的安全阀有销钉式、杠杆销钉式和弹簧式安全阀三种。

2. 钻井泵作用

为钻井液循环提供必要的能量，即以一定的压力和流量，将具有一定密度和黏度的钻井液泵入钻具来完成整个循环过程。

3. 钻井泵工作原理

发动机通过皮带、链条、齿轮等传动部件带动泵的主轴旋转，当曲柄以角速度从水平位置按箭头方向开始旋转时，活塞向右移动，缸内形成负压，吸水池中的液体在液面大气压力作用下，压开吸入阀，进入缸内，直到活塞移动到最右边位置为止。

这一工作过程，叫做泵的吸入过程。当活塞移到最右边位置（即曲柄转过180°）后，活塞开始向左移动，液缸内液体受挤，压力升高，因而吸入阀关闭，排出阀被挤开，液体被活塞推出，经由排出阀和排出管排出，这个工作过程叫做泵的排出过程。

（二）钻井液净化设备

钻井液净化设备包括振动筛、旋流器、离心分离机及除气器等，用来清除钻井液中的无用固相及气体。

1. 振动筛

振动筛是对钻井液进行固相控制的第一级设备，又是唯一能适用于加重钻井液的常规分离设备。

（1）结构

振动筛主要由筛架、筛网、激振器、减震元件等组成。根据结构不同，振动筛可分单层筛和多层筛。振动筛的筛网主要有钢丝筛网、丝绸或塑料筛网、带孔筛板、微缝筛板或楔形断面钢丝筛网。

（2）原理

振动筛是一种筛分设备，它通过机械振动把大于网孔的固体和通过吸附作用将部分小于网孔的固体筛离出来。从井口返出的钻井液由进料罐流向振动着的筛网表面，固相从筛网尾部排出，小于网孔的固相和液相透过筛网流入在用钻井液系统，从而完成分离工作。

2. 旋流器

旋流器用来清除振动筛清除不掉的较细固体颗粒。按清除的固体颗粒大小，旋流器可分为除砂器和除泥器。除砂器用来分离0.06～1.1 mm的粗泥和砂粒；除泥器用来分离0.01～0.03 mm的黏土微粒和细泥粉砂。

（1）旋流器主要结构参数

主要有旋流器直径、锥角、排液管及进液管直径、进液管角度、排砂孔直径等。每一结构参数的变化都或多或少影响旋流器的处理量和处理效果，因此，某些结构参数可根据现场实际情况进行适当调节。

（2）旋流器工作原理

具有一定压力的钻井液沿切向进入圆筒形内腔后，切向速度加大，径向速度减小，把重而大的固体颗粒甩向外壁，沿壳体螺旋下降，由排砂孔排出；轻而小的颗粒连同钻井液形成另一股螺旋液流在壳体中心螺旋上升，经排液口溢出。

3. 分离机

分离机有沉淀式、筛筒式、水力涡轮式、迭片式等类型，用以清除钻井液中的岩屑和砂粒，以及回收钻井液中的重晶石。

（1）沉淀式分离机的结构和工作原理

其主要部件有螺旋输送器和锥形圆筒。螺旋输送器在锥筒内旋转，同时锥筒以较高的转速同方向旋转，未净化的钻井液先以水稀释，经空心轴内的输入管进入锥筒。在离心力作用下，钻井液被甩向锥筒内的环形空间，固体颗粒靠近筒壁，被螺旋输送器送到锥筒小直径一端，经排出口排出。冲屑水可以保证固体颗粒顺利排出。经过净化的钻井液则由锥筒大直径端排出。

（2）筛筒式分离机的结构和原理

筛筒式分离机有内外两个柱形同心圆筒，内筒上带有筛网并在外筒内旋转，被水稀释的未处理过的钻井液进入外筒的左上方，然后受到内筒旋转的影响，钻井液随之旋转，其中的固体颗粒由于离心力的作用被甩向外筒壁。在外筒的右下方设有一底流泵，用于控制外筒筒壁附近的钻井液排出量。因此，底流泵的排量远小于钻井液的总处理量。经底流泵排出的部分为含有大量固体颗粒的钻井液，净化过的钻井液通过内筒上的筛网进入内筒，然后从空心轴排出。调节底流泵的排量，可以控制排出固体颗粒的钻井液密度，泵排量越小，密度越大。

4. 除气器

除气器有真空式、常压式、离心式三种。除气器能有效地清除侵入钻井液中的气体，避免由于气侵钻井液的再循环导致钻井泵的气锁而引起严重的井喷事故，还可安全有效地排除有毒气体和易燃气体。现场常用离心式除气器，它利用离心分离原理，将钻井液中的气体分离出来。离心式除气器一般由电机、抽气机、减速箱、主体等构成，能处理全井钻井液，除去的气体由抽气机输送到井场外。此外，还有钻井液一气体分离器，主要用于分离游离状态的气体。

五、钻机气动控制系统

在钻井时应按钻井工艺过程的需要，对钻机各个部分进行灵活、可靠地控制。气动控制系统（可简称气控系统）是比较合适的一种控制方式，它能控制钻机各机组协调工作，准确完成钻井工艺过程。

（一）气动控制系统的工艺要求

为保证迅速钻井，钻井工艺对控制系统要求主要有三方面：①控制迅速、柔和、准确、安全可靠；②操作灵活方便，维修容易；③操作协调，便于记忆。

（二）气动控制系统组成

气动控制是目前钻机上广泛应用的一种控制方式，具有经济可靠、传递信号迅速灵活、控制柔和准确、使用安全等特点。

气动控制系统主要由四部分组成。

1. 动力机构

由空气压缩机、空气处理装置、贮气罐等组成，其作用是将空气压缩（即将机械能转变为气体的压力能），并对压缩空气进行干燥、净化处理，为气控系统提供合格的工作介质。

2. 执行机构

由汽缸、气动摩擦离合器、风动马达等组成，其作用是将气体的压力能转换为机械能，以实现钻机的操作要求。

3. 控制机构

由各种控制阀件（如调压阀和换向阀等）组成，其作用是控制压缩空气的压力，使执行机构按照操作者的要求协调动作。

4. 辅助机构

包括气管线、接头、消声器、低压报警器等，其作用是主要用来实现管路的连接和其他辅助工作。

（三）气控元件

钻机气控元件包括气动执行元件、气动控制元件和辅助元件，下面简要介绍以下典型气控元件。

1. 汽缸

气控系统的汽缸是一个将空气压力能转换为机械能的转换装置。汽缸按结构可分为单作用汽缸、双作用汽缸和差动汽缸。

(1) 刹车汽缸

刹车汽缸主要由缸套、活塞、皮碗、缸顶盖等组成。活塞上连接筒，它以铜套为导轨，连杆用半球铰与活塞联系，活塞在上部，当压缩空气进入汽缸时，活塞推动连杆转动刹车曲轴。

司钻在操作过程中，通过刹把控制司钻阀，使刹车汽缸活塞往复运动来帮助司钻刹住绞车滚筒，刹车汽缸是单作用式的。

(2) 汽缸中密封形式

1) 角形皮碗气封：这种气封应用很广，是在汽缸活塞上装有角形皮碗。其弯角朝向压缩空气作用的一面，活塞是由活塞体、法兰盘、螺钉和压紧的角形皮碗组合而成。进入汽缸的压缩空气，胀开皮碗，将它压向汽缸壁，保证自动密封，但同时也产生很大的摩擦力。这种气封适用于100 mm以上的汽缸。皮碗用牛皮或耐油橡胶制造。皮制皮碗的缺点是当较长时间不工作时，皮碗会变干，为了消除这种现象，可采用带切口的弹簧圈将皮碗压向汽缸壁。

2) 金属活塞环气封：这种气封广泛应用在直径为100 mm以下汽缸中，这种气封的主要优点是摩擦系数相当小，一般摩擦系数 μ 为0.07～0.15。它的缺点是密封不良，空气的消耗量大。

3)“O”形密封圈气封：这种密封效果良好，摩擦力不大。

其结构及“O”形圈与凹槽的配合尺寸需参考有关手册选定。

2. 风动马达

风动马达用在方钻杆旋转器、辅助绞车和柴油机的启动上，主要分为叶片式和活塞式两种。结构组成上主要分为动力、传动两个部分。动力部分由转子、叶片、定子、上气盖、下气盖及壳体等零件组成。传动部分由小齿轮、大齿轮、轴、活塞、棘轮套、轴套、复位弹簧、啮合弹簧、启动齿轮、汽缸等零件组成。使用时，需在压缩空气进口处装上雾化器和气控三位四通转阀。

3. 气控制阀

气动控制系统要求控制阀的灵敏性要高，耐用性能要好，制造维修要容易。按控制阀作用可分为三大类。

（1）压力控制阀（压力阀）：它是调节系统压力高低的阀，其工作原理和液压传动中的压力阀相同。它依靠作用在阀芯上的气压力和弹簧力相平衡以获得被控制气体的一定压力。改变弹簧力即改变原平衡状，阀内通道也随之改变，从而使其与压力阀并联或串联的气路中空气压力也相应发生变化。常用压力阀有调压阀、顺序阀等。

（2）流量控制阀（流量阀）：用来控制执行机构进气或排气的流量，以调节执行机构的工作速度（流量阀又称调速阀）。由于空气的可压缩性，气动控制系统就不能采用容积调速，只能采用节流调速。任何一个流量阀都有一个发生节流的部分，大多是可调的。空气流经小孔或缝隙也必然产生显著的压力降。常用的有节流阀等。

（3）方向控制阀（换向阀）：用来控制气体流动方向，用阀芯切换进、出气通道即可使气路换向。按操纵方式可分为手动和气控两种。常用的有单向阀、快速排气阀、气控二位三通阀等。

（四）钻机气路安装

钻机气路安装，包括绞车（含防碰天车）、钻井泵、气动绞车，以及动力接头等气路的安装。当绞车、气动绞车安装固定好以后，便可以进行钻机气路的安装工作。各管线固定端用“Ω”形卡子或铅丝固定牢靠。

1. 安装方法

（1）对照图纸安装法：依据钻机气路安装的图纸，分别截取适当长度的气管线，用“Ω”形卡子或铅丝将各个阀件及执行元件连接起来。

（2）顺藤摸瓜安装法：①连接操作台的总气管线与机房的总气管线。②连接正车管线。③连接1号、2号泵控制管线。④连接气动绞车管线。⑤连接动力接头管线。

2. 注意事项

（1）气管线在安装前应检查是否畅通，经分段吹扫后方可与被控元件连接。

（2）固定接头、胶管接头等应干净，并涂一层黄油，带丝扣的接头应用扳手上紧，插胶管的接头应用“Ω”形卡子卡牢。

（3）气路接完后，对气路中各元件应进行一次调节，使其符合规定要求，并对各执行机构进行试验，确保传递信号准确、灵敏、性能良好。

（4）对气路进行耐压试验，当全部离合器充气1 MPa，5 min下降不超过0.1 MPa为符合要求。

（五）钻机气控系统的安全使用要求

（1）气控系统的工作压力应保持在规定的范围内。

（2）要防止压缩空气的漏失。在工作时，应密切注意各气控元件以及管线接头等密封情况；在动力机停止运转时，不允许有空气漏失声，气路系统的压力降应限制在允许的范围内。

（3）当发现气控阀件工作失灵时，不要不加分析就随便拆开阀件，应先检查进气管路是否堵塞，如畅通，方可打开阀件进行检查。

（4）要定期检修各气控系统。当钻完一口井或经过一定的工作时间后，应对整个气控系统进行一次维护保养。

(5) 冬季气温低，容易因管线冻结而使气路失灵，因此需采取确保供气质量的措施以防冻结。

(6) 防碰天车装置必须每班进行检查，更换防碰天车绳后应对防碰天车装置进行调整。

(7) 使用高速、低速、转盘、钻井泵离合器时，应注意气压表的压力指示，防止由于气压低造成打滑而烧坏离合器。

(8) 在贮气罐和油水分离器的底部应有放水阀，每 2 h 放水一次，保证气体干燥无杂质。

(9) 在对气控元件维修前，应阅读元件的使用说明书，了解元件的工作原理及内部结构。

六、钻机动力系统

为了使绞车、转盘、钻井泵等工作机械获得足够的动力，必须配备动力设备及其辅助设备。钻机的驱动类型主要有柴油机直接驱动、柴油机－液力驱动、柴油机－直流电驱动和工业电网电驱动四类。在我国石油矿场多采用柴油机作动力。

（一）柴油机构造及工作原理

各种型号的柴油机由于使用性能要求、用途不同，其构造各有差异。但基本组成和结构型式都是相同的，四冲程柴油机主要有以下机构和系统。

1. 柴油机基本组成

(1) 机体与汽缸盖组件，由机体（汽缸体－曲轴箱）、汽缸套、油底壳和汽缸盖等零件组成，是构成柴油机的骨架，功能是连接和固定所有运动件和辅助系统。

(2) 曲轴连杆机构，由活塞、连杆组、飞轮－连接器组和扭振器等部件组成。其功用是活塞组与汽缸套、汽缸盖构成密封的工作容积，以保证柴油机工作循环的进行。同时通过连杆组将活塞的往复直线运动转变为曲轴的旋转运动，使作用于活塞上的燃气压力转化为扭矩，通过曲轴向外输出。

(3) 配气机构及进、排气系统，由进、排气门组，挺柱与推杆，摇臂组，凸轮组和传动系统等零件组成。其功用是根据工作循环的要求，定时地向汽缸内供应充足、清洁的新鲜空气，并将燃烧后的废气排出汽缸外。

(4) 燃料供给与调节系统，由燃油箱、输油泵、燃油滤清器、喷油泵和调速器等部件组成，其功用是按照柴油机工作循环的要求，定时、定量、定压地向燃烧室内喷入燃料，并创造良好的燃烧条件，满足燃烧过程的需要。

(5) 润滑系统，由机油泵、机油滤清器、机油冷却器和压力调节与安全装置等部件组成，其功用是将清洁的润滑油以一定的压力不间断地送到柴油机各运动件的摩擦表面上，起到减磨、冷却、净化、密封和防锈的作用，以减小摩擦阻力和零件的磨损，带走零件上的热量，保证柴油机正常工作，延长柴油机使用寿命。

(6) 冷却系统，由水泵、风扇、散热器、中冷器和节温装置等部件组成，其功用是利用循环流动的冷却介质（水和空气），将受热零件所吸收的多余热量及时传导出去，以保证柴油机零件在允许的温度下工作，不致因过热而造成损坏，影响柴油机的正常工作。

(7) 启动系统，由气启动马达、分水滤清器、油雾器、继气器、总旋阀门和启动按钮等部件组成，其功用是借助于外力带动曲轴旋转，并使其达到一定的转速，使柴油机实现第一次着火、燃烧，由静止状态转入工作状态。

2. 柴油机工作原理

柴油机是通过燃料在汽缸内燃烧后，将燃料的化学能转变成热能，并利用燃气为介质，再将热能转化为机械能。

为使燃料燃烧放出的热能转变为机械能，发动机必须经过一系列的连续工作过程才能完成，如图 2-1 所示为四冲程柴油机的工作原理图，表示活塞、连杆、曲柄及进、排气阀在四个不同冲程的相对位置。

第一冲程——进气冲程：目的是吸入新鲜空气，为燃料燃烧做好准备。要实现进气，缸内缸外要形成压差。因活塞下移而使汽缸内形成真空，空气便通过进气阀被吸入汽缸，这个过程称为进气过程，习惯上也称为进气冲程。

第二冲程——压缩冲程：目的是提高汽缸内空气的压力、温度，为燃烧创造有利条件。活塞自上而下移动，这时因进气阀已被关闭，故汽缸里的空气被压缩，则空气的温度与压力亦随之升高。其升高的程度，取决于被压缩的程度。这个过程称为压缩过程或压缩冲程。

第三冲程——膨胀（做功）冲程：当活塞上行即将终了时，喷油器即开始将燃油喷入汽缸。此时，由于缸内的空气温度已经很高，故点燃喷入的燃油，汽缸内的温度和压力急速上升。汽缸里高温、高压气体的膨胀，推动活塞下行。其压力随着气体膨胀而逐渐降低，这一过程称为燃烧－膨胀过程或燃烧－膨胀冲程。这一冲程中，高压气体直接作用在活塞上推动活塞向下运动，并通过连杆和曲轴向外界输出有用功。

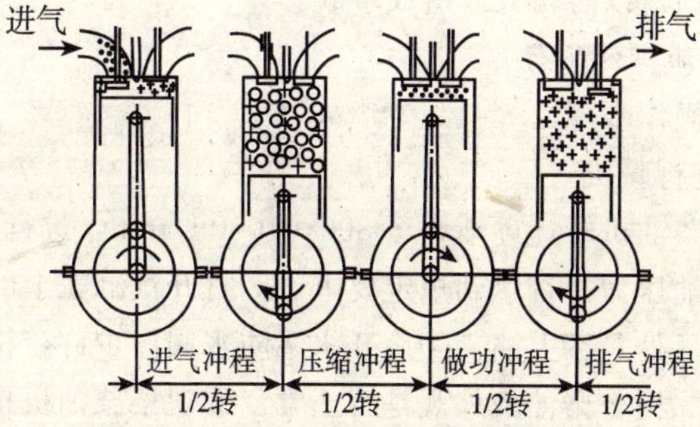

图 2-1　四冲程柴油机工作原理图

第四冲程——排气冲程：排气冲程的目的是清除缸内的废气，活塞自下向上移动，排气阀被打开，这时因汽缸里的压力大于外界压力，故已经做功的废气便开始排出，汽缸内的气体压力亦即迅速下降。这个过程称为排气过程或排气冲程。

（二）柴油机的启动、运转和停车

1. 柴油机的启动

（1）操作步骤

①将单压力式油压底自动停车装置操纵杆扳下，打开气源总开关。②按动启动按钮，待预供油泵泵油压力达到 0.098 MPa 时柴油机才可以点火启动。③柴油机启动后，扳动调速器上的停车手柄，控制油量调节齿杆，适当减油。④将柴油机的转速控制在 600～800 r/min，进行怠速运行观察。

（2）安全注意事项

①当连续三次启动不成功时，应查明原因，排除故障后再启动。②启动马达时，启动每次连续运转不得超过 15 s。③柴油机启动后，应立即释放启动按钮，以免飞轮驱动小齿轮而造成启动马达超速、损坏。④柴油机启动完成后，应立即将气源总开关关闭，以防误动按钮，打坏马达。⑤人力盘车合格后，应注意旋紧放气螺塞，千万不要忘记。⑥启动柴油机前，应观察周围是否有人和障碍物，以防伤人或造成事故。

2. 柴油机的运行

（1）操作步骤

1）进行暖机

①将柴油机转速逐渐调至 800～1000 r/min，进行空载运行。②检查机油压力是否达到规定要求。③打开汽缸盖上的罩壳，检查摇臂轴承处是否上油。④旋开水泵防水阀门少许，检查供水是否正常。⑤检查柴油机外观是否正常。⑥观察柴油机排气颜色是否正常。⑦监听各运动部位的声音是否正常。⑧观察仪表盘上各仪表的运动参数是否符合规定要求。

2）并车带负荷

①将柴油机的转速调至中速。②挂合柴油机本身离合器。

③将柴油机转速调至带负荷所需要的转速。④挂合并车离合器。

3）工作运行

①定期检查机油的性能。②检查冷却水的水质水量，必要时应补充冷却水。③检查燃油箱的油量，不足时应及时添加。④各人工加油点应按规定时间加油、注油。⑤加强巡回检查，通过耳听、眼看、手摸和鼻闻等方式及时掌握柴油机的工作状况。

（2）技术要求

①柴油机在运行过程中，不得有漏油、漏水、漏气等现象。②柴油机正常工作的情况下，排气颜色应为淡灰色。③柴油机高温循环水在正常工作运行期间，温度应保持在75～85℃范围内，最高出水温度不能高于90℃。低温循环水温度不超过45℃。出油温度不能高于90℃，机油压力应保持在0.392～0.784 MPa。④柴油机长期连续运行，以90%标定功率工况工作为宜。⑤并车时各柴油机转速应保持一致，各柴油机之间的转速差不得超过20 r/min。⑥挂合离合器时，应服从有关人员的指挥。应遵循一动、二转、三运行的挂合原则。

（3）安全注意事项

①旋开水泵防水阀时，有强劲水柱的冲击，才算供水正常。②冷却水和机油温度升至40℃时，方可带负荷。③不能用低速和满速来进行暖机。④新机运行50 h后，必须更换机油。⑤柴油机不能长时间低速运行。最大功率运行不得超过1 h。⑥在最大油门位置时应为柴油机标定转速，如果所带负荷使转速低于标定转速，表示负荷过重，应减轻负荷以达到标定转速；若转速过高，应减小油门，避免超速运行。⑦柴油机在使用过程中，应按柴油机的特性，合理地选择柴油机运行工况，以充分发挥柴油机的效率，延长使用寿命，严禁长时间怠速和空载运行，不使用柴油机时应及时停车。⑧巡回检查时应认真仔细，不能走过场。一般情况下应每0.5 h巡查一次。遇有异常情况，应采取必要措施，及时处理。⑨若发现机油稀释或油底壳液面增高、黏度显著

变化等异常现象时，应停车查明原因，排除故障，重新更换机油后才允许开机运行。⑩负荷与转速的增加，应逐渐而又均匀，非特殊情况，不允许突加或突减柴油机的负荷与转速。

3. 柴油机的停车

(1) 正常停车

1) 操作步骤：①逐步减小并卸去负荷。②逐渐降低转速，调至怠速运行。③检查柴油机各部位的工作状况。④扳动停车手柄来停车。⑤柴油机熄火后应随即监听增压器、离心滤清器的运转情况。

2) 技术要求：①怠速运转时的转速应控制在 800 r/min 左右。②油水温度在降低至 60℃以下时，方可停车。③停车后增压器、离心滤清器转子应自行运转 60～90 s。④正常情况下严禁带负荷停车。

3) 安全注意事项：①当环境温度低于 5℃又没有采用防冻液时，应将冷却水放净。②当环境温度低于机油的凝固点时，停车后也应把机油放净。③停车后如果需要更换机油时，应在停车后的瞬时（这时机油中的杂质还未沉淀）将机油放净，以便清洗。④若停车后需要长期封存，应按柴油机的存放要求，将 5 号复合防锈剂以 2%的比例与柴油混合运行 10 min，使燃烧室内充满封存油，以免零件锈蚀。然后将冷却液放净，并用压缩空气吹净机油冷却器内的积水，放净各处的机油和柴油。

(2) 紧急停车

1) 紧急停车的依据：①机油压力突然下降。②冷却水突然中断或水温超过 100℃。③有“飞车”现象出现。④柴油机出现异常的敲击声、飞轮松动或有重大不正常的情况。⑤柴油机的管线突然断裂。⑥柴油机使用现场出现易燃、易爆气体。

2) 紧急停车的方法：①切断油路法——迅速将油门关闭。如高压油泵齿条卡死，油门不起作用时，可将燃料油管切断。②切断进气通路法——当柴油机发生故障（如喷油泵齿条卡死、调速器失灵）无法关油门，或工作现场出现易燃、易爆气体时，即使切断燃油供应仍无法停车时，可用防爆装置切断进气通道，阻止空气进入汽缸，迫使柴油机停车。

3）紧急停车的操作：①手动操作——按要求方向扳动操纵手柄即可关闭阀门。②气动操作——按动气开关即可关闭阀门。

4）安全注意事项：①在柴油机工作正常的情况下，不允许采取紧急停车的方法。②防爆装置只有在工作环境出现可燃性的气体或其他紧急情况下方可使用。③紧急停车后，应立即反复盘车2～3周。同时用手泵泵油，使润滑油充满各个摩擦表面。④紧急停车时，必须冷静、果断、迅速，以防伤人和发生事故。

第二节　井下钻井工具

一、钻头

钻头是破碎岩石形成井眼的主要工具，可根据其结构、功用及原理进行分类，现场常用的钻头有刮刀钻头、牙轮钻头、金刚石钻头、PDC钻头等。

钻头尺寸以其钻出的井眼内径为公称尺寸，基本上已形成统一系列，常见钻头尺寸为26 in、20 in、17 1/2 in、14 3/4 in、12 1/4 in、10 5/8 in、9 1/2 in、8 1/2 in、7 7/8 in、6 1/2 in、5 7/8 in、4 3/4 in（1 in=25.4 mm）。钻头的技术、经济指标包括以下方面。

钻头进尺：指一个钻头钻进的井眼总长度。

钻头工作寿命：指一个钻头的累计总使用时间。

钻头平均机械钻速：指一个钻头的进尺与工作寿命之比。

钻头单位进尺成本，表示为：

$$C_{pm}=[C_b+C_r(t+t_t)]/H$$

式中C_{pm}——单位进尺成本，元/m；

C_b——钻头成本，元；

C_r——钻机作业费，元/h；

t——钻头钻进时间，h；

t_t——起下钻及接单根时间，h；

H——钻头进尺，m。

(一) 刮刀钻头

刮刀钻头破碎岩石是在钻压作用下，刀片吃入地层，然后在旋转扭矩的作用下把岩石切削下来，以达到钻井目的。刮刀钻头按刀片数量不同可分为两翼刮刀钻头、三翼刮刀钻头和四翼刮刀钻头等。最常用的是三翼刮刀钻头。

1. 三翼刮刀钻头的结构

由上钻头体、下钻头体、刀翼（也称刀片）及喷嘴四部分组成。

(1) 上钻头体：是钻头的主体，上部车有丝扣，用于连接钻具。

(2) 下钻头体：又称分流头，焊于上钻头体下部，内开三个水眼孔。

(3) 刀片：由合金钢制成，表面镶有硬质合金或金刚石，以提高耐磨性。

(4) 喷嘴：刮刀钻头水眼是洗井液的循环通道，安装喷嘴能充分利用水力能量，提高钻头破岩效率。钻井时岩屑堆积于刃前，钻井液应冲向刃前一定位置，方能有效地净化井底。常用喷射角（喷嘴中心线与钻头中心线之间的夹角）、超前角（喷嘴中心线与钻头轴线的连线在水平面上的投影与刀翼折线在水平面上投影的夹角）来确定液流喷射位置。

2. 破岩机理

刮刀钻头在钻压 p 的作用下，刀翼吃入地层，在扭力 T 的作用下，刀翼切削岩石，从而达到连续不断破碎岩石的目的。破岩时，钻头向下运动，其速度为机械钻速，刀翼上任一点运动呈空间螺旋形轨迹。

刮刀钻头破碎岩石的规律视岩石的塑脆性不同而不同。在极软的高塑性地层钻进时，刀翼吃入岩石，旋转钻头便会使刃前的岩石产生连续的塑性流动而呈片状、层状地被切削掉。刮刀钻头在较软的塑脆性地层中钻进破碎时呈现脆性破碎的特点，不能呈现塑性流动，在破碎塑脆性岩石时，是碰撞、挤压、剪切三种破岩过程的反复进行，如图 2-2 所示。图 2-2a 为刀翼前面的岩石沿剪切面破碎后扭力 T 减小，再向前推进便与岩石碰撞挤压；图 2-2b 为刀翼在 T 力的作用下挤压刃前岩石，并产生小剪切破碎，此时扭力增大；图 2-2c 为刀翼继续向前推进，压碎刃前的岩石，并将部分岩石压碎呈粉末状，当扭力增加到岩石的破碎极限强度的时候，岩石沿剪切面发生大剪切破碎。

3. 刮刀钻头的合理使用

(1) 根据井眼尺寸选择刮刀钻头的直径，一般是比同一井眼尺寸的牙轮钻头直径大 3～5 mm。

(2) 根据所钻地层的岩性选择刮刀钻头的类型。一般在极软的高塑性地层中钻进，应选择刃尖角小、切削角大的刮刀钻头；在较软的塑脆性地层中钻进，应选择刃尖角较大、切削角较小的刮刀钻头。

(3) 刮刀钻头的喷嘴直径根据所设计的最高泵压来确定。

(4) 入井前应仔细检查丝扣及台阶、直径、焊缝及水眼是否符合要求，接钻头时，要把刮刀钻头放入专用钻头上卸器内，用双钳拉紧。不得只用单钳紧扣，以防损伤片翼。

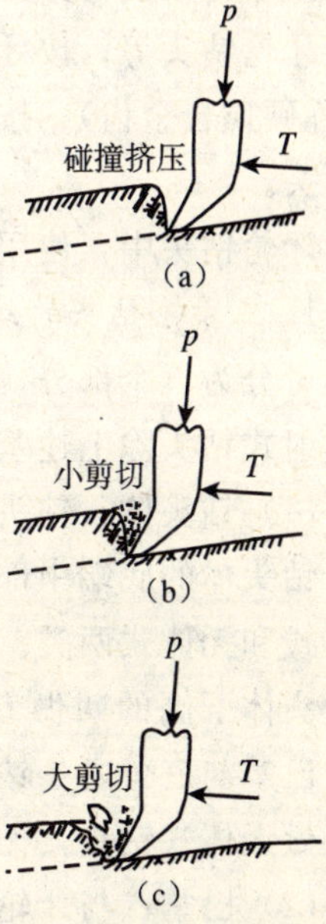

图 2-2 刮刀钻头破岩过程

（5）钻进中操作要平稳，送钻要均匀，根据地层情况随时调整钻进参数，防止严重蹩钻。

（6）在极软地层中钻进时，单根钻进时间应大于接单根时间，防止岩屑携带不及时而造成憋泵。

（7）钻进中途因设备故障暂停钻进时，应根据情况起出几柱或全部钻具，以防沉砂卡钻。

（8）刮刀钻头使用到后期，应根据机械钻速与钻井成本的关系决定起钻时间。

（二）牙轮钻头

牙轮钻头是石油钻井中使用最广泛的钻头。这是由于牙轮钻头旋转时具有冲击、压碎和剪切破碎岩石的作用。因而牙轮钻头能适用于多种性质的岩石，成为使用最广泛的钻头。牙轮钻头的类型按牙轮数目可分为：单牙轮钻头、双牙轮钻头、三牙轮钻头和多牙轮钻头等；按牙齿材料可分为：铣齿（也称钢齿）和镶齿（也称硬质合金齿）；按结构可分为：无体式牙轮钻头和有体式牙轮钻头。

牙轮钻头中，使用较多的是三牙轮钻头。

1. 三牙轮钻头的结构

可分为五个部分，即钻头体、巴掌、牙轮、轴承和水眼。密封喷射式钻头除上述基本部分外还有储油系统。

（1）钻头体：钻头体上部车有丝扣与钻具相连，下部带有巴掌。钻头体的底端中部镶焊水眼板或安装喷嘴。牙轮钻头可分为有体式和无体式两类。钻头体与巴掌分别制造，然后将巴掌焊接在钻头体下侧的叫做有体式钻头，这种钻头的上部丝扣均为母扣；巴掌与三分之一钻头体做成一体，然后将三部分合焊在一起的叫做无体式钻头，无体式钻头均为公扣。

（2）巴掌：与牙轮轴相连，上面有轴颈，用于支撑牙轮。

（3）牙轮：牙轮是一个外面带有牙齿，内腔加工成与轴颈相对应的滚动体跑道（或滑动摩擦面）的锥体，分为单锥和复锥两种结构，如图 2-3 所示。

单锥牙轮由主锥和背锥组成，适用于硬或研磨性较高的地层；复锥牙轮由主锥、副锥和背锥组成，适用于软或中硬地层。

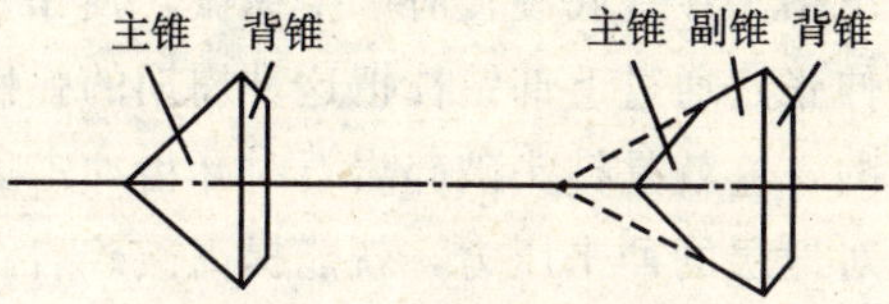

图 2-3　牙轮的几何形状

(4) 牙齿：牙齿是钻头破岩的主要元件，牙轮钻头的牙齿有铣齿（钢齿）和镶齿（硬质合金齿）两种。铣齿钻头的牙齿均为楔形齿，为防止钻头直径过度磨损，外排齿做成 π 形、T 形和 L 形以提高其对井壁的切削能力，它们被称为保径齿。镶齿钻头是将硬质合金材料加工成一定形状的牙齿，镶嵌并固定在轮壳上的钻头。镶齿钻头的齿形种类繁多，主要有楔形齿、锥形齿和球齿三种。

(5) 轴承：牙轮钻头的轴承是决定钻头寿命的重要因素之一，按结构不同分为滚动轴承和滑动轴承两大类。

(6) 水眼：牙轮钻头在牙轮之间设计有水眼，根据需要可在水眼内安装不同类型、不同直径和不同数量的喷嘴。

(7) 储油密封补偿系统：其作用是将轴承内腔与外界的钻井液分开，并在钻头工作时，随时向轴承腔内补充润滑油，从而改善轴承工作条件。

2. 牙轮钻头的破岩机理

牙轮钻头在井底的运动有公转、自转、轴向振动和滑动等形式，主要通过对岩石的冲击、压碎作用和剪切作用来破碎岩石。

(1) 冲击压碎作用：牙轮钻头在井底工作时，由钻头纵振所产生的轮齿对岩石的冲击压碎作用，是牙轮钻头破碎岩石的主要方式。旋转钻头时，牙齿以一定速度冲击压入岩石，这一破碎方式与静压入破碎试验特点相似，牙齿压入岩石需要足够的比压与接触时间。因此牙轮钻头的牙齿作用在岩石上的轴向载荷包括静压及冲击载荷两部分。加给钻头的钻压为静压部分；冲击载荷是由钻头在井底旋转时产生纵振，使钻头-钻柱系统不断地压缩与伸张，通过下部钻柱把这种周期的弹性变形能传递给牙齿而产生的，这就是钻头破碎岩石时牙齿冲击压力的来源。加大钻头牙齿对地层的冲击压力，就能提高破碎岩石的效率。

（2）滑动剪切作用：在塑性较高的岩石中，除了要求牙齿对井底岩石有冲击压碎作用外，还要求牙齿对地层有一定的滑动作用，使牙齿对岩石进行剪切，以扩大岩石的破碎效果，这一点在软地层钻进时显得很重要。

3. 牙轮钻头的合理使用

（1）牙轮钻头选型及应考虑的问题

①地层的软硬程度和研磨性。地层的岩性和软硬不同，对钻头及其破碎机理的要求也不同。软地层应选择兼有移轴、超顶、复锥三种结构，牙轮齿形较大、较尖，齿数较少的铣齿或镶齿钻头，以充分发挥钻头的剪破岩作用；随着岩石硬度增大，选择钻头的上述三种结构值应相应减小，牙齿也要减短、加密。

②研磨性地层会使牙齿过快磨损，机械钻速降低，钻头进尺少，特别容易磨损钻头的保径齿、背锥以及牙掌的掌尖，使钻头直径磨小，更严重的是会使轴承外露、轴承密封失效，加速钻头损坏。因此，钻研磨性地层，应该选用有保径齿的镶齿钻头。

③钻进井段的深浅。浅井段岩石胶结疏松，主要考虑钻头的钻速和防止泥包；在深井段由于起下钻行程长，主要考虑钻头的进尺。

④易斜地层。在易斜地层钻进时，地层因素是造成井斜的客观因素，而下部钻柱的弯曲以及钻头的选型不当则是造成井斜的技术因素。在易斜地层钻进，应选用移轴量小的钻头，同时在移轴量小的前提下，所选取的钻头适应的地层应比所钻地层稍软一些，这样可以在较低的钻压下提高机械钻速。

⑤软硬交错地层。在软硬交错地层钻进时，一般应按其中较硬的岩石选择钻头类型，这样既在软地层中有较高的机械钻速，

也能顺利地钻穿硬地层。在钻进过程中钻井参数要及时调整，在软地层钻进时，可适当降低钻压并提高钻速；在硬地层钻进时，可适当提高钻压并降低钻速。

选用的钻头对所要钻的地层是否适合，要通过实践的检验才能下结论。对于同一地层使用过的几种类型的钻头，在保证井身质量的前提下，一般以“每米成本”（单位进尺成本）作为评价钻头选型是否合理的标准。

（2）入井前检查工作

钻头入井前应由钻井技术员、司钻、记录工进行认真检查，严格要求，不合格的钻头绝不能下井使用，同时做好资料记录。

①钻头型号应符合地层岩性。

②钻头直径应与井眼直径相符合。钻头入井前需用钻头规准确量出直径。正常情况下，同类钻头直径误差应不超过±1.5 mm。

③检查钻头丝扣是否完好。

④检查焊缝质量是否良好。

⑤检查水眼是否畅通，喷射式钻头应检查喷嘴尺寸是否合乎要求，固定是否牢固。用手转动牙轮，轴承密封应完好；钻头压力补偿系统应完好；卸压孔应无堵塞。

⑥检查牙轮完好状况，镶齿钻头还应检查固齿质量，如硬合金齿有无松动碎裂现象。

（3）入井操作注意事项

①在检查合格及清洗后的钻头螺纹上涂专门的螺纹脂。

②选用合格的钻头装卸器，应使上扣时钻头牙爪受力。钻头放进装卸器时不得猛顿。

③上扣要先用链钳再用吊钳拉紧。紧扣时扭矩要适当，小钻头更不能猛拉。

④下钻操作要平稳，遇阻不得硬压，镶齿钻头下钻要慢，以免在硬地层及井眼不规则处碰坏硬合金齿。

⑤下钻遇阻划眼时，应记下井深、划眼情况及时间，以便于

判断遇阻原因，控制工作时间。

⑥下钻至井底一定距离（一个单根），应开泵转动缓慢下放，严禁一次下钻到底开泵。

（4）钻进注意事项

①新钻头应轻压磨合半小时左右，再逐渐加压至规定钻压，严禁加压启动转盘。

②操作刹把思想要集中，送钻均匀，严防溜钻和顿钻事故。

③钻进时根据钻时变化及钻头运转情况，随时分析岩性的变化和钻头工作情况，调整参数配合，以适应所钻地层的需要。

④掌握好起钻时间，正常情况下，钻头工作时间决定于牙齿及轴承寿命。轴承失效后会造成旋转扭矩增大，出现井下跳钻现象。在参数与岩性大致不变的情况下，牙齿磨钝必然造成钻速下降，现场掌握钻头工作时间，一般可根据进尺、钻进总时间、钻速下降情况与钻头后期在井下运转正常与否等因素综合考虑。

⑤钻头起出时间的确定：一是根据轴承和牙齿的磨损来确定；二是根据钻头每米成本来确定（做法是：新钻头入井后，每钻一米计算出成本并列表，继续钻进成本逐步下降，当成本上升时应起出更换钻头）。

（三）金刚石材料钻头

金刚石材料钻头按破岩元件材料分为天然金刚石钻头（常称金刚石钻头）、聚晶金刚石复合片钻头（简称 PDC 钻头）以及稳定性聚晶金刚石钻头（简称 TSP 钻头）。

1. 金刚石钻头构成及各部分作用

金刚石材料钻头属一体式钻头，整个钻头无活动部件，主要有钻头体、冠部、水力结构（包括水眼或喷嘴、水槽亦称流道、排泄槽）、保径、切削刃（齿）五部分，如图 2-4 所示。

（1）钻头体：钻头体是钢质材料体，上部是丝扣，和钻柱相连接；其下部与冠部胎体烧结在一起（钢质的冠部则与钻头体成为一个整体）。

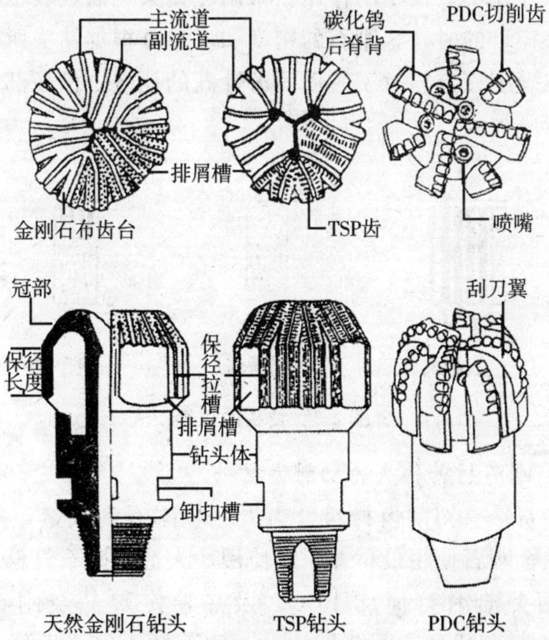

图 2-4 金刚石材料钻头结构

（2）冠部：钻头的冠部是钻头切削岩石的工作部分，其表面（工作面）镶装有金刚石材料切削齿，并布置有水力结构，其侧面为保径部分（镶装保径齿），它和钻头体相连，由碳化钨胎体或钢质材料制成。

（3）水力结构：金刚石材料钻头的水力结构分为两类。一类用于天然金刚石钻头和 TSP 钻头，这类钻头的钻井液从中心孔流出，经钻头表面水槽分散到工作面各处冷却、清洗、润滑切削齿，最后携带岩屑从侧面水槽及排屑槽流入环形空间。另一类水力结构用于 PDC 钻头，这类钻头的钻井液从水眼中流出，经过各种分流元件分散到钻头工作面各处冷却、清洗、润滑切削齿。PDC 钻头的水眼位置根据钻头结构而定。

（4）保径：金刚石材料钻头的保径部分在钻进时起到扶正钻头、保证井径不致缩小的作用。采用在钻头侧面镶装金刚石的方法达到保径目的时，金刚石的密度和质量可根据钻头所钻岩石的研磨性和硬度而定。对于硬而研磨性高的地层，保径部位的金刚石的质量应较高，见图 2-5。

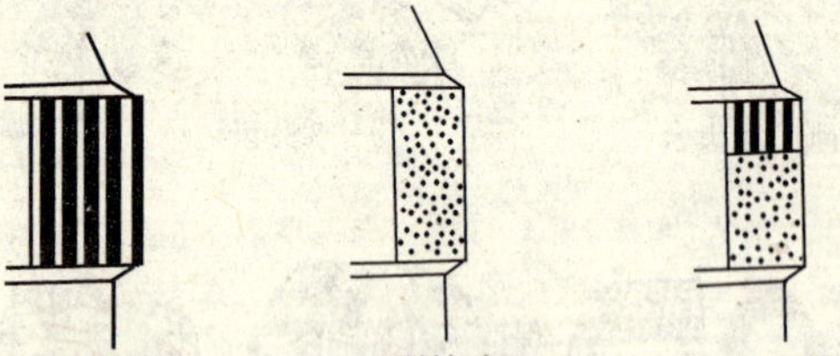

图 2-5　钻头的保径

2. 金刚石材料钻头的切削齿材料

金刚石钻头切削齿材料分为天然金刚石和人造金刚石两大类，天然金刚石使用最早并一直使用，人造金刚石材料主要有聚晶金刚石复合片（简称 PDC）及热稳定聚晶金刚石（简称 TSP）。它们制成的钻头分别称做金刚石钻头（或天然金刚石钻头）、PDC 钻头及 TSP 钻头。金刚石材料硬度高、抗压性强、抗磨损能力高，因此它是作为钻头切削刃理想的材料。

金刚石颗粒是钻头破碎岩石的切削元件，根据不同岩性，金刚石在钻头胎体上的镶装方式有表镶式、孕镶式、表孕镶式三种。

（1）表镶式（又叫外镶式）。表镶式就是把金刚石颗粒镶装在钻头胎体表面的一层上，其金刚石颗粒较大。表镶式金刚石钻头多用于相对较软的地层。

（2）孕镶式（又称潜铸式）。孕镶式就是把金刚石颗粒分布在钻头胎体的一定厚度内，孕镶层厚度为 2～12 mm，孕镶式金刚石钻头多用于坚硬地层。

（3）表孕镶式。表孕镶式就是在钻头工作面上同时采用表镶、孕镶两种镶装方式。通常是在表镶式钻头的薄弱处孕镶一层金刚石。例如在钻头外侧与中心部分同时采用表孕镶方式，这样可以延长钻头寿命。

3. 金刚石材料钻头工作原理

由于岩石性质及工作条件的复杂性，国内外对天然金刚石钻头破岩机理存在不同观点，如研磨、剪切、压碎、切削等，至今没有统一结论，但可以归纳出以下要点：

(1) 天然金刚石钻头在钻进某些硬地层时，在钻压作用下压入岩石，使与金刚石接触的岩石处于极高的应力状态而使岩石呈现塑性。

(2) 在塑性地层（或岩石在应力作用下呈塑性的变形），金刚石吃入地层并在钻头扭矩的作用下使前方的岩石内部发生破碎或塑性流动，脱离岩石基体，形成岩屑，这一切削过程相当于“犁地”过程，称作犁削。岩屑的体积大体等于金刚石吃入岩石的位移体积。

(3) 在脆性较大的岩石中，在钻压和扭矩作用下所产生的应力使岩石表现为脆性破碎，即属于以剪力和张力破坏岩石。在这种情况下，金刚石钻头的破岩速度较高，岩石破碎的体积远大于金刚石吃入后位移的体积。

(4) 在坚硬岩石（如燧石、硅质白云岩、硅质石灰岩等）中，由于金刚石本身强度的限制，较大粒度金刚石上的钻压不足以使岩石内部产生塑性变形。所以一般均采用细颗粒的金刚石制成孕镶式金刚石钻头来钻进，其特点是要靠金刚石的棱角实现微切削、刻划等方式来破碎岩石。这时分离出来的岩屑基本上是粒度很细的粉末，钻头的工作效率和寿命均很低。

4. 金刚石材料钻头适应的地层

(1) 根据天然金刚石钻头的切削结构选用不同粒度的金刚石，采用不同的布齿密度和布齿方式，能满足在中等至坚硬地层钻井的需要。

(2) TSP 钻头适合于在具有研磨性的中等至硬地层钻井。

（3）PDC钻头适用于软到中等硬度地层，但是PDC钻头钻进的地层必须是均质地层，以避免冲击载荷，含砾石的地层不能使用PDC钻头。

5. 金刚石钻头的合理使用

（1）钻头的选择

①根据所钻地层的岩性，合理选用钻头。

②根据所设计的井眼直径选择钻头直径。一般要求其直径应比同井眼的牙轮钻头直径小1.5～2 mm。

（2）入井前的检查与准备工作

①认真检查所选的钻头型号、直径、水眼、水槽、接头丝扣等，应符合要求，并做好检查记录。

②检修好地面设备和入井钻具，确保钻头能在井下较长时间连续安全钻进。

③井底应清洁无落物，起出的上只钻头直径磨损严重时应采取扩眼措施后再下金刚石钻头，尽量避免用钻头划眼。

（3）钻头入井注意事项

①接钻头时一定要保护好金刚石切削刃，使用专用钻头装卸器，不能让钻头工作面上的金刚石颗粒与金属碰撞。

②下钻要慢，操作要平稳，以免碰坏金刚石。

③下至距井底一个单根时应开泵，低速旋转，缓慢下放，严禁下到底再开泵。

（四）PDC钻头

聚晶金刚石切削齿钻头简称PDC钻头。

1. PDC钻头结构

PDC钻头由钻头体和切削齿组成。

（1）钻头体：钻头体有硬质合金胎体和钢体两种。硬质合金胎体是在模具中铸造的，圆柱形切削齿钎焊在钻头体上，保径部位钎焊金刚石。钢体钻头是用镍铬、钼合金钢加工成形，经过热处理后在钻头体上钻孔，把支柱式切削齿镶装在孔内，保径部位镶装纽扣形的硬质合金。

（2）切削齿：根据所钻地层和钻头外形不同，钻头上切削齿的形状、数量与排列方式也不一样。切削刃是由薄层人造聚晶金刚石经高温高压黏结在碳化钨衬底上，聚晶金刚石薄片是用许多小晶粒的人造金刚石以不同规则、不同方向相结合制成的，其抗磨性非常好，碳化钨基底加强了复合片的抗冲击性能。

2. 破岩机理

PDC 钻头的破岩机理对软地层主要是犁，对硬地层靠剪切。由于岩石本身抗剪强度比抗压强度小得多，对于同样的岩石用剪切方式破碎比用压碾破碎需要的能量小（剪切是压碾的 1/8），所以使用 PDC 钻头钻进，只需较轻的钻压就可获得较高的机械钻速。

3. PDC 钻头的合理使用

（1）PDC 钻头的使用条件

①在软、中软、中等硬度地层中，在长井段的均质岩层（如泥岩、页岩或砂、泥岩互层中）钻井，使用 PDC 钻头，能够提高机械钻速，缩短建井周期，提高经济效益。

②在深井、超井中钻进，牙轮钻头寿命短，钻速低，起下钻频繁。使用 PDC 钻头，提高了钻头在井下工作时间，减少了起下钻次数，提高了钻头机械钻速和钻井效益，降低了钻井成本。

③在小直径井眼（小于 ϕ165 mm）中钻进，牙轮钻头承载能力受限，使用钻头压轻，机械钻速低，而用 PDC 钻头，提高了钻头承载能力和机械钻速，能降低钻井成本，缩短建井周期。

④定向井作业：在定向钻井中，钻头承受侧向载荷较高，对于牙轮钻头，牙掌掌背、保径部位磨损严重，会早期损坏；而使用 PDC 钻头，无活动部件，具有较高的抗磨损能力，更适合定向钻井的特殊作业。

⑤在易发生井斜的地层，因 PDC 钻头的使用钻压较牙轮钻头低，轻压钻进，对于 PDC 钻头可防斜打直。

⑥在使用井底动力装置的钻井中，PDC 钻头可在高转速情

况下钻井，能大大地提高钻井效益。

（2）下井前的检查准备工作

①选择的 PDC 钻头型号应适应所钻地层岩性。

②做好钻头的钻井参数和水力参数设计。

③井眼畅通，井底干净无落物。

④钻头丝扣、台阶和切削齿完好，水眼畅通。

⑤上钻头必须使用专用工具。

（3）下钻要求

①钻头入井应手扶钻铤，使钻头顺利通过防喷器等井口装置，防止碰撞。

②PDC 钻头下钻应控制速度，以防碰坏牙齿和增加激动力，防止地层压漏。

③遇阻不能硬压。

④严禁顿钻、溜钻事故发生。

⑤离井底一个单根开泵循环冲洗到井底。

（4）钻进时操作要求

①钻头接触井底，进行井底造型，采取轻压（5～10 kN）钻进 0.5～1 m，形成与 PDC 钻头轮廓相吻合的新井底，方可开始正常钻进。

②加压钻进时，由于扭矩增加，转盘转速易产生波动，要调整钻压和转速，防止蹩断切削齿。

③接单根后慢慢接触井底，以防撞击损坏切削齿。

④钻头使用后期可适当增大钻压，确定比较合适的钻井参数，以提高机械钻速。

（5）起钻标准

①钻头在井底工作，钻头压降增加（即泵压升高）。

②其他因素不变而机械钻速明显下降。

③井下有落物。

④操作失误造成严重溜钻、顿钻。

⑤钻井综合经济效益低于其他类型钻头。

总之，对于何时起钻，一般原则是经济上不合算，经综合分析没有继续钻进的必要。对于上述情况，采取相应措施后，视具体情况确定是否起钻。

二、钻柱

钻柱是指水龙头以下、钻头以上所连接的整个系统的总称。它由方钻杆、钻杆、加重钻杆、钻铤、接头、稳定器、震击器、井下动力钻具等各部件按规定组成。主要作用是传递扭矩、输送钻井液、连接及延长钻柱，以不断加深井眼，并给钻头施加钻压。

（一）方钻杆

1. 方钻杆的作用及结构

方钻杆位于钻柱的最上端，有四方形和六方形两种，上部与水龙头相连，下部与钻杆相连。主要作用是传递扭矩和承受钻柱的重力。钻进时，方钻杆与方补心、转盘补心配合，将地面转盘扭矩传递给钻杆，以带动钻头旋转。

方钻杆的工作条件要求它具有较高的抗扭强度，所以用优质合金钢制成，其壁厚为钻杆壁厚的 2～3 倍。方钻杆两端车有丝扣，上端为反扣，下端为正扣。这可防止在方钻杆旋转过程中自动卸扣。为了接单根后方钻杆的方部能进入方补心，要求它比单根长 2～3 m，故常用方钻杆的长度为 13～14.5 m。

2. 方钻杆的种类

根据方钻杆两端接头连接的不同，可分为有细扣及无细扣方钻杆两种。

（1）有细扣方钻杆：两端车有公细扣，并配有一端细扣，一端粗扣的连接接头的叫有细扣方钻杆，这种结构容易在细扣连接处产生疲劳破坏，现已不采用这种方钻杆。

（2）无细扣方钻杆：方钻杆上下接头与管体对焊连接，或将接头与方钻杆做成一体，没有细扣。

方钻杆的通称尺寸是指方钻杆方边形的边长而言，如 5″的方钻杆就是边长等于或接近于 5″的方钻杆。方钻杆上部粗扣为反母扣，连接水龙头中心管，下部粗扣为公扣，连接钻杆，通常在上、下粗扣连接处分别加一保护接头。

（二）钻杆

钻杆是钻柱的基本组成部分，是由圆形断面、壁厚中空的无缝钢管制成。钻杆基本结构由钻杆管体与钻杆接头两部分组成，其主要作用是传递扭矩，输送钻井液，连接及延长钻柱以达到不断加深井眼的目的。

钻杆也分有细扣钻杆和无细扣钻杆（对焊钻杆）。有细扣钻杆趋于淘汰，无细扣对焊钻杆居主要地位。我国现生产的钻杆全部为无细扣钻杆，常用的单根长 9 m 左右，管体壁厚 9～11 mm。无细扣钻杆当接头偏磨严重，带斜台肩接头偏磨厉害时，造成扣不上吊卡的事故。但这可用改善接头材料、质量，改进接头台肩形状的方法加以克服。

钻杆要求有一定的钢级和强度。钻杆的钢级是指钻杆钢材的等级，由钻杆钢材的最小屈服强度决定。API（美国石油学会）规定钻杆的钢级有 D、E、95（X）、105（G）、135（S）共五级，其中 X、G、S 级为高强度钻杆。钻杆的钢级越高，管材的屈服强度越大，钻杆的各种强度（抗拉、抗扭等）也就越大。在钻柱强度设计中，推荐采用提高钢级的方法来提高钻柱强度，而不采用增加壁厚的方法。

（三）钻铤

1. 钻铤的特点和作用

(1) 特点

钻铤处在钻柱的最下部，是下部钻具组合的主要组成部分。其主要特点是壁厚大（一般为 38～53 mm，相当于钻杆壁厚的 4～6倍），具有较大的重力和刚度。

(2) 作用

钻铤是用高级合金钢制成的，在钻井过程中主要有以下几方面的作用：给钻头施加钻压；保证压缩条件下的必要强度；减轻钻头的振动、摆动和跳动等现象，使钻头工作平稳；控制井斜。

2. 钻铤规范

钻铤的通称尺寸是指钻铤的外径，它两端的扣型都是粗扣。目前常用钻铤尺寸为 146.1 mm、158.75 mm、177.85 mm、203.20 mm、228.6 mm 等。

钻铤长度取决于钻压与钻铤尺寸，其确定原则是保证在最大钻压时钻杆不承受压缩载荷，即保持中性点始终在钻铤上。钻铤长度的计算可参照专有公式。

3. 钻铤形状

钻铤有许多不同的形状（圆形、方形、三角形、螺旋形等），最常用的是圆形（平滑的）钻铤和螺旋形钻铤两种。螺旋形钻铤上有浅而宽的螺旋槽，可使其与井壁的接触面积减少 40%～50%，而重力只减少 7%～10%。接触面积少，可减少发生压差卡钻的可能性。钻铤的连接丝扣（公扣、母扣）是在钻铤两端管体上直接车制，不另加接头。

（四） 接头

接头可分为两类：钻杆接头和配合接头。按其作用又可分为：常用接头和特殊接头（如弯接头等）。

1. 钻杆接头

钻杆接头是钻杆的基本组成部分，用于连接钻柱，与钻杆相对应，分为有细扣钻杆的接头和无细扣钻杆的接头，现在使用的都是无细扣钻杆接头，有细扣钻杆接头趋于淘汰。钻杆接头是用比钻杆较高一级的合金钢制造成的，其外径大于本体外径，因为丝扣经常上卸，要求它具有较高的耐磨性和强度。

(1) 钻杆接头的类型：根据钻杆接头内径和钻杆本体内径的关系，接头可分为三类，即内平式、贯眼式和正规式接头。

内平式接头：适用于外加厚及内加厚的钻杆。优点是钻井液流过接头外径大，易于磨损，强度较低。

贯眼式接头：适用于外加厚及内外加厚的钻杆。接头处磨损比内平式小，但钻井液流过水眼时，阻力大于内平式接头。

正规式接头：适用于内加厚钻杆，钻井液流过接头的阻力最大，但它的外径小，磨损小，强度较大。

（2）钻杆接头类型的表示法：接头类型在我国通常用三位数字表示。第一位数字表示钻杆外径，第二位数字用1、2、3表示内平、贯眼、正规扣，第三位数1、0表示公、母扣。

除了数字表示外，还有用字母表示的。国产的：正规“ZG”，贯眼“GY”，内平“NP”。API制：正规“REG”，贯眼“FH”，内平“IF”。

2. 配合接头

配合接头的作用就是连接不同尺寸和扣型的钻具。其扣型表示方法和钻杆的表示方法一样。要正确连接钻柱，首先必须准确地识别接头的类型，按照尺寸相等，扣型相同，公、母相配的原则来连接，否则会将接头配错，延误工作或造成钻具事故。现场识别接头使用接头尺。

（五）稳定器

1. 稳定器的作用

在钻铤柱的适当位置安装一定数量的稳定器，组成各种类型的下部钻具组合，可以满足钻直井时防止井斜的要求，钻定向井时可起到控制井眼轨迹的作用。此外，稳定器还可以提高钻头工作的稳定性，从而延长使用寿命，这对金刚石钻头尤为重要。

2. 稳定器的类型

有三种基本类型：刚性稳定器、不转动橡胶套稳定器和滚轮稳定器。①刚性稳定器包括螺旋、直棱两种，均可做成长型或短型，以适应各种地层和工艺要求，使用最广泛。②不转动橡胶套稳定器的主要优点是不会破坏井壁，使用安全，但它不具备修整井壁的能力，加上受井下温度的限制，使用寿命短，应用范围很小。③滚轮稳定器（也称牙轮铰孔器）的主要优点是有较强的修整井壁的能力，可保持井眼规则，主要用于研磨性地层。

（六）钻柱受力情况

1. 钻柱受力种类

钻柱在不同的工作状态下受不同的载荷，钻柱在井内受轴向拉力和压力、弯曲力矩、离心力、扭矩、纵向震动、扭转震动和动载等力的作用。

（1）轴向拉力和压力：钻柱在井下受到的轴向拉力主要由钻柱自重产生，井口处拉力最大，向下逐渐减小。此外还受到钻井液的浮力，从而减轻钻柱的重量。起下钻过程中还会因钻柱与井壁的摩擦而增加或减小上部钻柱的轴向载荷。

钻进时，大部分钻铤用于给钻头加压，因而在整个钻柱上由受拉转变为受压时，总有一点不受轴向力的作用，这就是所谓的“中和点”。“中和点”以上钻柱承受拉力，以下钻柱受压力。

（2）弯曲力矩：正常钻进时，下部钻柱受压力弯曲而受到弯曲力矩的作用。此外，井眼偏斜时钻柱也要受到弯曲力矩的作用。弯曲钻柱自转时，会产生交变弯曲力矩。

（3）离心力：钻柱公转时产生离心力，促使钻柱发生弯曲。

（4）扭矩：用转盘钻井时，通过转盘带动钻柱与钻头旋转破岩，因此钻柱承受扭矩。井口处扭矩最大，钻头处最小。

（5）纵向震动：由于牙轮钻头结构及岩石性质等因素，钻进中使钻柱产生纵震。当纵震频率与钻柱的固有频率相等或成倍数关系时，便会产生共振现象，即跳钻。严重跳钻会加速钻柱的疲劳破坏和降低钻头的使用寿命。

（6）扭转震动（周向震动）：钻进中，由于井底反扭矩的变化，引起了钻柱的扭转震动。它与钻头结构、岩性变化及钻压、转速等因素有关。例如刮刀钻头在软硬交错频繁的地层钻进时，将使钻柱受到剧烈的扭转震动，即蹩钻，导致钻柱损坏。

（7）动载：起下钻过程中由于钻柱加速度的变化，会产生轴向的动载荷。起钻上提过猛，下钻刹车过猛都会使钻柱产生很大的轴向动载。

2. 钻柱工作时受力严重的部位

通过上述分析可以看出，钻柱工作时其受力严重的部位是：①钻进时下部钻柱同时受到压力、扭矩和弯矩的组合交变应力（大小或方向随时间做周期性变化的应力）作用，钻头突然遇阻遇卡都会使钻柱受到的扭矩大大增加。②起下钻时，井口处钻柱所受拉力最大，特别是猛提猛刹还会使井口钻柱受到很大的动载。钻进时井口钻柱所受扭矩也最大。③由于岩性变化、钻头的冲击及纵震、送钻不均等因素的存在，使“中和点”的位置频繁上下移动，所以“中和点”附近的钻柱受到交变载荷的作用，这也是钻柱受力最大的部位。

（七）钻柱的破坏

1. 钻柱破坏的情况

钻进时钻柱在钻井液介质中长期受到交变载荷的作用，便会发生破坏或折断。据统计资料表明，绝大多数钻柱的破坏有以下几种情况：①多数钻杆的损坏发生在钻进旋转中或从井底上提时，即使是发生遇卡后提断，也是在疲劳裂纹已发展到相当程度后才导致破坏的。②大多数钻杆的破坏发生在距接头 1.2 m 以内的部位。③钻杆的破坏往往与钻杆内表面存在严重腐蚀斑痕有关。④从钻杆外表面开始发生的破坏，一般与钻杆表面原有的伤痕有关。⑤由于钻铤本体的厚度大，因而钻铤的破坏通常发生在丝扣连接处。

2. 钻柱疲劳破坏形式

从受力分析可以看出，钻柱在井内长期承受拉伸、压缩、扭转和弯曲应力循环，因此疲劳破坏是不可避免的。钻柱的疲劳破坏有三种形式：纯疲劳、伤痕疲劳、腐蚀疲劳。

（1）纯疲劳。纯疲劳是指构件在长期的交变应力作用下发生的疲劳。钻杆上的最大应力常发生在加厚部位的末端，这是因为接头与加厚部位的刚度大于本体部分，在截面变化的部位形成了交变应力作用的薄弱环节。这就是多数钻杆的破坏发生在距接头1.2 m以内部分的原因。此外，还有一些因素引起钻杆纯疲劳破坏。例如把弯曲了的钻杆下井使用，或者方钻杆本身弯曲，旋转钻柱时必然造成较大的交变应力而导致疲劳破坏。

（2）伤痕疲劳。钻杆的伤痕疲劳破坏是由于微裂纹处应力集中而逐步发展的结果，所以钻杆表面各种伤痕将会加速钻杆的疲劳破坏。钻柱表面的伤痕有：①卡瓦的咬痕和擦伤；②大钳的咬痕；③旋扣链钳的咬痕和擦伤；④印模记号；⑤橡胶保护器造成的沟槽；⑥电弧的灼伤；⑦地层和井下金属碎屑造成的刻痕。

（3）腐蚀疲劳。腐蚀疲劳是金属在腐蚀环境中的疲劳，也是钻柱损坏的常见原因。腐蚀一般分为化学腐蚀和电化学腐蚀。化学腐蚀就是指金属表面与腐蚀介质发生化学反应而引起的腐蚀。电化学腐蚀是指金属与电解质溶液接触，发生化学反应引起的腐蚀，其特点是在整个腐蚀反应中有电流产生。

（4）减少疲劳破坏的措施。为了减少钻杆的疲劳破坏，可以采取以下措施：①为了保证钻杆经常处于拉伸状态，应使钻铤在钻井液中的重量大于最大钻压；②采用钻柱减震器来避免钻柱的震动损伤和降低钻柱工作时的交变应力；③在钻杆的繁重工作段、弯曲井，采用厚壁钻杆以降低这些工作段的应力和延长整段钻柱的使用寿命；④经常检查起下钻操作工具（吊钳、卡瓦）的工作状态是否完好，注意避免在钻杆上造成伤痕；⑤控制钻井液对钻杆的腐蚀，可以在钻杆内表面涂以塑料树脂等保护层；⑥储存钻杆时，应用淡水充分冲洗钻杆接头的内外表面，以清除各种盐类和腐蚀物质，并用防锈化合物涂抹丝扣和接头台阶面；⑦定期检查并排除有裂纹或壁厚变薄的钻杆，分别进行处理。

（八）减少钻具损坏的措施

（1）所加钻压为钻铤重量的85％～90％，使钻杆一直处于拉伸状态。

（2）使用减震器和加厚钻杆，降低交变应力的最大值。

（3）经常检查井口工具的工作状态是否完好，防止在钻具上造成伤痕。

（4）定期错扣检查及倒换钻具，发现有损伤及壁厚变薄等情况应及时修复或更换。

（5）钻具应放在专用管架台上，接头密封面和丝扣要清洗干净，涂油防腐。

（九）检查及保护钻具

（1）钻具丝扣不清洁，水眼不通，丝扣损坏，接头磨损严重，本体有伤及磨损，弯曲超过标准时，一律不得下井使用。

（2）新车扣的接头要坚持磨合到光滑无毛刺才能下井，丝扣表面已磷化的则不需要磨合。

（3）入井钻具必须量好长度、内外径，并做好详细记录，严格执行钻具探伤、试压规定。钻具上下钻台必须戴好护丝，平稳操作，不能碰撞，方钻杆进出鼠洞操作要平稳。

（4）钻具丝扣必须干净，丝扣油合格并用双钳拉紧，上卸扣时吊钳严禁咬钻杆本体。

（5）起钻时做到“四检查（井架工检查钻具弯曲，内钳工检查钻具母扣，外钳工检查钻具公扣，内外钳工共同检查钻具有无损伤、刺漏等情况）、一适当（卡瓦所卡钻杆的高度要适当）”。

（6）在使用卡瓦时，直径114.3 mm以上的钻杆不超过井深1000 m；直径88.9 mm以下钻杆不超过井深2000 m。2000 m以上的深井、超深井起下钻应用双吊卡或加长式卡瓦。

（7）钻具卸扣时，要防止拉弯与卸坏，在丝扣很紧时要尽量想法卸开，确实无法卸开时，不得从本体割开，而只能从钻杆接头处割掉。

（8）井场钻具必须排放整齐，两端悬空长度不得超过2 m，钻铤、方钻杆的悬空长度不得超过1 m。井场钻具与其他各种管材必须分类堆放，全部母接头对齐，排放最多不能超过三层，接头密封面和丝扣要清洗干净并涂油防腐。

(9) 井场排好的钻具（包括其他管材），上面不得堆放重物及酸、碱等化学药品，并不得在上面进行电、气焊工作。

(10) 在转运、回收、装卸及运输钻具过程中，不得在地面拖拉和碰撞（若必须拖拉则应戴好护丝），在转运方钻杆时，短途使用专用架；长途运输则必须把方钻杆装在套管内，两端固定牢靠。

三、井下动力钻具

井下动力钻具又叫井下马达，包括液体驱动和电力驱动两类。前者如螺杆钻具（纳维钻具、迪纳钻具）、涡轮钻具等，目前在国内外使用较广泛；后者如电动钻具，虽然它也有很多优点，但因其结构复杂，制造困难，需要特殊的电缆，在使用刚性钻杆操作时，增加了电缆连接等操作，也容易出故障，目前很少使用。

(一) 纳维钻具

1. 结构

主要由旁通阀、转子、定子、万向轴、轴承总成和驱动接头组成。其结构的剖视图如图 2-6 所示。

(1) 旁通阀：位于钻具顶部，由活塞、弹簧、旁通孔组成。它的作用是在下钻时允许环空中的钻井液经旁通孔流入钻柱水眼内；而在起钻时，则允许钻柱水眼内的钻井液从旁通孔流出进入环空中；在钻进时，在高压钻井液的作用下，活塞被迫降落坐于阀座上，关闭旁通孔，使钻井液全部流入马达。

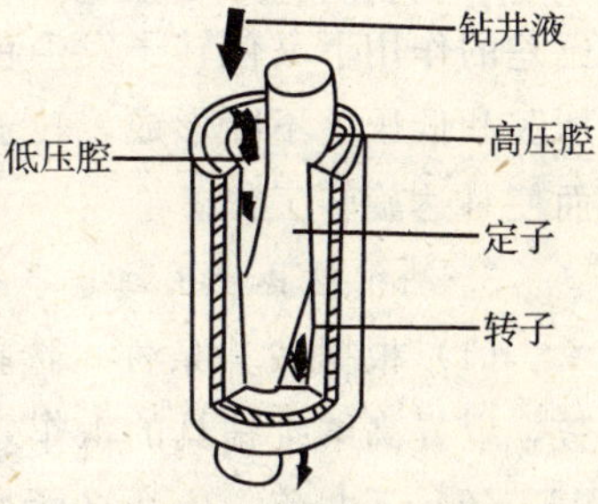

图 2-6　纳维钻具剖视图

（2）定子：是一个固定在外壳内具有螺旋形内腔的橡胶衬套。

（3）转子：麻花形实心钢体螺杆，转子两端的轴是偏心安装的。其上端无任何支承和约束，可以自由旋转或移动；下端与万向轴相连。

（4）万向轴：万向轴上端与转子相连，下端与主轴相连。其作用是将螺杆的偏心旋转变为主轴的同心旋转，并把螺杆的轴向水力负荷和扭矩传给主轴。

（5）轴承总成：由主轴和上、下止推轴承组成。主轴是空心的，顶部开有循环口，钻井液由此进入中心孔并经钻头排出。主轴上部有一小型止推球形轴承，用以承受钻具旋转部分水力负荷和钻具空转时的钻头重力；下部有一大型止推球形轴承，用以承受钻进时的钻压。

（6）驱动接头：作为连接钻头，将马达的转动和扭矩传递给钻头。

2. 工作原理

图 2-6 为纳维钻具剖视图，当高压钻井液流进螺杆钻具时，它从转子（螺杆）与定子（橡胶衬套）的螺旋通道间往下挤压，在转子与定子间形成高压和低压腔室。于是，转子在压差的作用下发生位移，钻井液继续输送，又产生新的高压腔和低压腔，在压差的作用下又使转子发生新的位移。钻井液不断输送，新的高压腔和低压腔不断形成，转子在压差的作用下不断发生位移，从而使马达旋转工作。

3. 纳维钻具使用注意事项

（1）根据钻井条件，选择合适的钻具类型和合理的钻井参数，以提高纳维钻具的工作效率。

（2）下井前，应认真检查两端连接丝扣和台阶及外壳体有无变形，旁通阀是否灵活好用。检查轴承磨损度，不能超过标准。

（3）下井前，应进行试运转，工作正常后方可入井。

（4）纳维钻具下井时应控制下放速度，下钻遇阻不得硬砸、硬压。

（5）钻进时应保持均匀送钻，防止溜钻、顿钻。钻进中应密切注意泵压表的压力变化，当发现泵压突然上升时，应及时提起钻具，重新加压钻进。

（6）保持钻井液清洁，含砂量要符合规定，以提高纳维钻具的使用寿命。

（7）起出纳维钻具应认真检查旁通阀，并把钻具内的钻井液排净。

（二）涡轮钻具

1. 结构

涡轮钻具的结构分为旋转与不旋转的两个部分。以主轴为中心的旋转部件，从上而下依次为防蹬螺帽、压紧圈、压紧螺帽、支承轴、转子、中间轴承套、撑套、下部轴承套。固定于外壳中的不转部件，从上而下依次为大小头、顶套、止推轴承座调节环定子、中间轴承、下部压紧短节、外壳。

涡轮钻具的主要部件是涡轮，涡轮上带有很多弯曲的叶片。每一级涡轮由一个定子和一个转子组成。定子装在固定不转的外壳内，转子装在可旋转的主轴上。定子和转子的叶片形状相同，只是叶片的弯曲方向相反，并且它们之间有一定的轴向间隙。主轴细而长，转速高，旋转时，易产生径向摆动。因此，在主轴的中部涡轮间和下部装有径向轴承，称为中间轴承和下部轴承，起扶正作用。下部轴承还起着压紧短节和防止钻井液外漏的作用，又叫下部压紧短节。

2. 工作原理

当高压钻井液进入涡轮钻具时，定子叶片将钻井液的轴向流动变成按定子叶片弯曲方向流动。于是被改变流向的钻井液冲击转子的叶片，从而使转子旋转起来。

3. 涡轮钻具使用注意事项

（1）入井前应先看涡轮钻具的检修卡片，了解检修情况，并做好记录。

（2）用链钳转动涡轮主轴，看是否能用一个人的力量转动。

（3）测量轴向间隙，新涡轮和重新装配的涡轮轴向间隙不能超过 2 mm。

（4）地面启动试运转。先用单泵启动，单泵不能启动时可用双泵启动。若双泵还不能启动可用卡瓦卡住主轴，用转盘迫转（间歇地转动）。经迫转后涡轮仍不能启动，则需检修。

（5）每钻一个钻头，应检查涡轮钻具的轴向间隙，若超过 5 mm，则不能入井使用。同时应检查大小头和压紧短节上紧情况，如有松动，应及时上紧。

涡轮钻具由于转速太快，从而降低了钻头寿命，使钻头总进尺减少，增加了起下钻工作量，尤其是不能适应滑动轴承钻头的低转速要求；另外涡轮钻具的止推轴承等部件工作寿命短，加之易于发生井斜和井下台阶，涡轮钻具已逐步被螺杆钻具所替代。

第三节 钻井仪器仪表

一、指重表

指重表是石油钻井普遍使用的一种重要钻井仪表，主要用于测量钻具悬重和钻压大小及其变化。根据悬重和钻压的大小及其变化，了解钻头、钻柱的工作情况，指导钻进、打捞作业和井下复杂情况的处理。

指重表按其工作原理分为液压式和电子式两大类，使用较广泛的是液压式指重表。

（一）指重表的结构及工作原理

指重表的结构主要包括死绳固定器、重量指示仪和记录仪三部分。死绳固定器将钻机死绳拉力通过传感器转换成液体压力信号，传递给重量指示仪，迫使弹簧管自由端发生位移，经过放大机构带动指针，直接在表盘上指示悬重及钻压值。另一路压力信号通过金属软管传递到记录弹簧管，其位移经联动机构，用记录笔在专用记录纸上画出钻压悬重变化曲线。

1. 死绳固定器

由绳轮、底座、传感器三大部件组成，是将钻机的死绳拉力转换为液体压力的机构。

传感器是死绳固定器的主要部件，它将死绳的拉力通过橡胶膜片压缩液体而转换为压力信号，传递给重量指示仪、记录表。传感器液腔内的压力是与死绳拉力（大钩负荷）成正比的，所以仪表可间接指示大钩负荷。

绳轮与底座处装有轴承，以提高绳轮杠杆微量偏转的灵敏度。

当大钩上有悬重时，死绳拉力迫使绳轮绕轴转动，绳轮臂将微微上抬，传感器上盖与压盖同时稍许上移，从而压缩橡胶膜，使液腔容积缩小，液腔内压力上升，压力通过传压管线传入指重表的显示仪表和记录仪表。

2. 重量指示仪

主要由弹簧管、放大机构、重力指示仪指针、灵敏表指针、表盘等组成，是一种特制的弹簧管液压表。

由传感器产生的液体压力通过传压管线、快速接头连接于重量指示仪上的减震阀，调节减震阀使液体的压力作用于指重弹簧管和灵敏弹簧管，经放大机构的连杆及扇形齿轮转动齿轮轴，使指针产生偏转，指示井下钻具重量。

3. 记录仪

主要由机械时钟、记录弹簧管总成、记录表盘、记录表接头、面板、压纸装置、传纸垫等组成。

记录仪卡片记录的工作曲线，是反映悬重随时间变化的曲线。记录仪的记录过程是：由传感器产生的液体压力经过减震阀上的三通接头，通过金属软管传递到记录弹簧管总成，使其变形产生位移，带动联动机构和记录机构在记录纸上做曲线运动。记录纸随时钟轴做圆周运动。

（二）使用安全技术要求

1. 安装

(1) 死绳固定器用螺栓固定在钻机底座上。

(2) 死绳沿绳轮的绳槽全部缠绕后，放入相应的绳卡中，用压紧块和螺栓螺母压紧。

(3) 将二次仪表（重量指示仪、记录仪）固定在司钻位置的前面，让司钻能直接观察到表盘数据。

(4) 将长连接管线与死绳固定器上的传感器相连。

注意：绳卡与钢丝绳必须放正、贴合，以防止钢丝绳滑动。

2. 使用

(1) 打开重量指示仪“指重、灵敏”两端的调节阀，此时指针应回零位，否则应用拔针器拔出指针并重新定位。

(2) 检查传感器内液体是否足够，及时用手压泵进行补充，并将重量指示仪上的排气阀打开，排尽空气。

(3) 打开记录仪箱盖，用时钟钥匙上弦器将记录时钟发条上满弦；拧下压纸螺帽更换记录纸，调整记录笔的起始位置，不符时，可调整微调螺钉，使其与指重表针的起始位置相符。

(4) 使灵敏表盘的零点与长表针对正后才可正常使用灵敏表。

(5) 由于灵敏表针的摆幅较大，故在起下钻具时，应轻提轻放，避免发生灵敏表针甩松（脱）现象，要经常检查指针是否松动。

(6) 因操作需要，使钻具出现剧烈振荡时（如爆炸解卡、起下钻具），应提前将调节阀关小并将连接管线盘成螺旋线形式，使液压管路系统振幅减小，从而保护指重表免受损伤。

3. 维护保养规程

(1) 使用过程中，应保持仪器清洁，切不可用蒸汽冲洗仪器玻璃，以免造成玻璃爆炸。

(2) 应使用45#变压器油，保持液体干净无沉淀物，以免管线、接头堵塞，影响仪器性能。

(3) 定期将仪器送检，由专业维修人员进行维修、保养和检定。

(4) 为延长仪器的使用寿命，确保安全可靠，钻机使用的最大悬重原则上以不超过指重表最大负荷的80%为准则。

(5) 每天在工作前，应清除传感器上的碎石、钻井液和冰块等杂物。

(6) 检查传感器的法兰与护圈的间隙是否符合要求，小于要求时，立即补充液体。

(7) 定期（一般为12个月）拆下绳轮中部的端盖，在轴承上涂钙基润滑脂。

二、泵压表

泵压表主要是用于石油钻井、开采钻井、防喷设备等领域，也可用来测量静压。仪表必须有良好的抗震性能。在使用时不仅能测量剧烈脉动的压力，而且也要能承受瞬时性压力冲击，指示应平稳、清晰。使用广泛的是YIN系列耐震压力表和超压自动控制压力表。

（一）YIN系列耐震压力表

1. 结构

仪表主要由密封垫、膜片组、叉簧和传动指示机构及外壳组成。

2. 工作原理

被测介质脉动压力作用于密封垫，通过膜片组，利用毛细通道限制流体流速的原理，使脉动压力变成平稳压力，并使叉簧变形，经过传动机构使指针回转，指示出被测脉动压力的平均值。

3. 主要技术参数

YIN 系列耐震压力表是依靠内部充满甘油（或硅油）以减缓环境强烈震动，增加阻尼器减缓介质强烈脉冲给压力表带来的损害，确保测量精度和提高使用寿命。因此该系列仪表适用于介质压力强烈脉冲和设备环境震动的场所，测量各种气体及液体的压力。其主要技术参数有：

（1）测量范围和精度等级：随该系列压力表型号不同而有所差异。测量范围有 40 MPa、60 MPa、80 MPa、100 MPa 等，精度等级有 1.5 级、2.5 级。

（2）工作温度：允许使用于空气温度为－40～50℃的环境中。

4. 使用注意事项

（1）仪表应垂直安装，在安装处不得附加任何形式的缓冲装置，并距离测量点要近。

（2）为延长表的使用寿命和保证测量准确性，仪表宜用在其测量上限值的 1/3～2/3 范围内。

（3）本表使用环境温度偏离（20±5)℃时，则需考虑温度附加误差。

（4）仪表内所充介质为甲基硅油，使用时不得随意添加其他油类，否则会因油的黏度随温度变化过大而影响测量精度。

（5）仪表在使用中应经常检查其灵敏度，如发现异常应及时检修。

（二）超压自动控制压力表

钻井泵是钻井及固井施工中的主要设备，在使用过程中，由于井下情况复杂或操作者失误，钻井泵超压憋泵现象经常发生，有时还会导致机械事故，甚至造成人身伤亡。超压自动控制压力表能够解决这一重大隐患。

1. 结构

超压自动控制压力表主要由传压器、高压胶管、耐震电接点压力表、接线盒、电磁阀及动作汽缸等组成。

2. 工作原理

被测压力通过传压器、高压胶管传递给耐震电接点压力表，使压力表弹性元件变形，带动传动机构及指针，指示压力值。当指针转动到与触点相碰时，压力表内继电器吸合，通过接线盒使电磁阀动作，联动气控元件，摘开泵离合器，一次控制过程即完成。如要恢复泵的运转，按下接线盒上的复位按钮即可。

3. 主要技术参数

(1) 测量范围和精度等级：随压力表型号不同而有所差异。测量范围有 16 MPa、25 MPa、40 MPa、60 MPa、80 MPa、100 MPa、120 MPa 等，精度等级有 1.5 级、2.5 级。

(2) 使用环境温度：－25～55℃。

(3) 电源电压：直流 (12±2) V。

(4) 电流：≤2 A。

(5) 气源压力：0.6～1 MPa。

4. 使用注意事项

(1) 本装置应按连接示意图正确连接。

(2) 使用前应先向传压器中加机油。加油时先拧松耐震电接点压力表上的放气螺钉，再松开加油阀手轮，向注油嘴中注油，待放气螺钉有油溢出后，拧紧放气螺钉，再拧紧加油阀手轮。

(3) 本装置应进行试动作。接上电源及气源，调节压力表的调节手轮，使触点与指针相碰，应听到电磁阀动作声音，红指示灯亮；将触点离开指针，按下复位按钮，电磁阀释放，红指示灯灭。

(4) 应根据泵压的大小选择耐震电接点压力表的型号及压力调节范围。

三、测斜仪

主要目的是帮助钻井工作人员设计单、双靶钻井的理想轨道曲线，观摩实际钻井的三维轨道及水平垂直投影，并提供轨道数据的相关处理和打印。

（一）随钻测斜仪

根据测量仪器的结构特点和测量参数的传输方式可分为有线随钻测斜仪和无线随钻测斜仪两大类。

1. 有线随钻测斜仪

（1）结构：随钻测斜仪本身由五部分组成——地面计算机机架、地面阅读器、打印机、井下探管和随钻单点测斜仪。

其中计算机机架、地面阅读器和井下探管是随钻测斜仪的基本部分。除此以外，随钻测斜仪还需配备一定的附件和附属设备。

1）地面计算机机架：它是一套完整的地面计算机数据处理系统，整个机架装置在一个用玻璃钢或金属材料做成的手提箱中。它是整个随钻测斜仪系统的控制中心，主要有三个功能：①为井下探管、地面阅读器和打印机提供电源；②接受来自井下探管的电信号，经过分析、处理，以数字形式显示在机架显示屏和地面阅读器上，并能驱动打印机以硬拷贝形式打印下来；③测斜人员可以调节机架面板上的按钮、旋钮，以获得不同的测斜功能。

2）地面阅读器：定向钻进时，地面阅读器放置在司钻台上。阅读器以刻度盘和数字形式显示井下的定向数据。地面阅读器除了外壳与盘面部分以外，内部主要由两大部分组成：一部分是数字解析系统，另一部分是执行机构。

①数字解析系统：由一个定子和一个转子组成。定子上绕有正弦和余弦线圈结构，像一个旋转变压器。它的转子上也有两个线圈，当转子转到某一位置，使其上面的一个线圈的输出电压为零，即表示工作面转过的位置。

②执行机构：包括功率放大器、执行电机和传动齿轮组。其作用就是使解析系统中转子转动到输出为零电压的位置，以驱动工具面刻度盘，以角度形式得到一个连续变化的工具面值。

3）井下探管：它是一个井下信号传感器，下井时要装在保护筒里，通过单芯电缆和地面计算机机架连接起来。井下探管中的传感系统将根据探管在井下所处的状态，以脉冲电信号的形式将井下数据提供给地面计算机机架进行处理和显示。

井下探管下井时通常要和随钻单点测斜仪组装在同一保护筒里。在探管和单点测斜仪磁罗盘下端分别有一个“T”形槽，其作用是将仪器连接，并使探管和磁罗盘的方位保持一致。当探管和单点测斜仪装进保护筒时，通过一个可调试定向减震器，可以使其“T”形槽和加长杆下端斜口管鞋上的定位槽保持在一条直线上。保护筒的上端和电缆头相连，通过测斜电缆可以将探管下到井内钻具的无磁钻铤内。

4）打印机：随钻测斜仪采用热敏打印机作为数据终端。它可以为各种测斜操作打印数据资料，也可以根据要求通过键盘输入操作指令。

5）随钻单点测斜仪：随钻单点测斜仪通常和井下探管组装在同一外筒里，一起下井。这种测斜仪本身采用 B 型罗盘。罗盘按适用井斜分为 20°罗盘和 90°罗盘两种，并采用专用灯泡和灯座。其他部分都是 B 型单点的结构。它的曝光过程和电源控制都通过按动计算机机架上的单点测斜按钮来实现。

6）随钻测斜仪的附件和附属设备：主要包括六大部分——井下工具、探管总成、旁通探头、地面操作控制设备、循环头、专用工具。

循环头可以用于随钻测斜时循环钻井液。使用循环头定向钻进，每次接单根时，都要把井下探管总成起到最上面一根单根里面。为了密封电缆，需要使用一套手动液压泵和液压管线，向电缆密封结构内注入密封液。

（2）工作原理：随钻测斜仪是用电缆通过专用循环头将电子测斜仪经钻柱水眼送至定向钻具。钻进时，把连续测量的井斜、方位、工具面方位等数据信号由电缆传递到地面仪器系统。经过电子计算机的处理，显示出井斜角、方位角、工具面方位角等有关数据。

随钻测斜仪可用于定向随钻监测、定向井的方位调整、原井眼侧钻、套管内开窗等。

2. 无线随钻测斜仪

（1）结构原理：无线随钻测斜仪，是通过钻井液的液柱压力脉冲，传递井下探测仪器测取井眼参数的编码数据。地面接收压力传感器监测液柱压力脉冲，然后由地面计算机进行解码处理，以数字形式显示并打印出来。无线随钻测斜仪器可分为井下探测仪器总成和地面接收仪表及数据处理系统两大部分。

井下探测仪器总成主要由非磁钻铤短节、电源部分、井眼参数探测器（探管总成）、脉冲发生器和定向总成组成。井下仪器有可回收式和不可回收式两种系列。

地面接收仪表及数据处理系统主要包括：脉冲接收检测器、脉冲信号过滤器、地面计算机、测量参数显示器、记录仪、司钻读出器、打印机、图形记录仪和操作终端等。

（2）技术性能：①测量井眼参数——井斜角、方位角、磁性工具面角、高边工具面角、井眼温度、压力、磁场强度。②测量钻井参数——钻头钻压、扭矩、转速、环空压力。③测量地层参数——自然伽马、地层电阻率、孔隙度等。④仪器工作温度不大于 125℃。⑤地面显示功能——在计算机面板和司钻读数器上可直观显示测量的井眼参数。⑥计算绘图功能——由计算机、操作终端、打印机和图形记录仪组成的地面系统，可以根据需要打印出仪器的系统参数和井眼参数、井眼轨迹计算和输出井下工具发出的信号图形。⑦不同类型的随钻测斜仪能够测量的井眼参数、钻井参数和地质测井项目也不相同。可根据设计井的具体情况

（钻井目的、钻井工艺难易程度、钻井成本等）选用相应的测量仪器。

（3）用途：①定向井定向造斜、扭方位和随钻监控井眼轨迹。②直井段和斜井段转盘钻井的井眼轨迹控制。③导向钻井系统中的井眼轨迹控制。④大斜度井、水平井井眼轨迹控制及提供部分常规地质测井项目。⑤地层参数测井。

（二）陀螺多点照相测斜仪

陀螺测斜仪是一种不受大地磁场和其他磁性物质影响的测斜仪器，适用于有磁干扰或磁屏蔽环境条件下的井眼测量。

1. 陀螺多点照相测斜仪的组成及原理

陀螺多点照相测斜仪主要由四部分组成：多点照相仪、测角装置、水平转子陀螺及外筒部分。另外有附属件，如仪器箱、陀螺预热台、电池、仪器扳手、螺盘、照准仪等。

（1）多点照相仪：多点照相仪为程序控制的多次照相机构，它由程序器、电池筒、电磁阀和胶片筒组成。电池及电池筒提供电源。电磁阀可将电池的部分电能转化为活塞的机械动作。程序器分别控制电磁阀的动作、灯泡电路的通电及两者的时间间隔。胶片筒包括连杆驱动机构、胶片及胶片轮等内部结构。

在程序的控制下，灯泡每 20 s 工作一次，每次亮 3 s，发出的光线在陀螺表盘、测角装置方位指针及井斜刻度的反射下通过镜头在胶片上成像并使胶片曝光，从而记录了该测点的井斜、井眼方位和陀螺方位。电磁阀的动作时间与灯泡的工作时间交错 10 s，也就是 20 s 工作一次，其活塞推动连杆驱动机构，使已曝光的胶片向前运动，为下一测点做好准备。

（2）测角装置：测角装置是根据重锤原理制成的。重锤上面有一弧形刻度盘，可随重锤的摆动而转动，从而显示出井斜度数。在重锤摆动的相反方向有一井眼方位指针。

（3）水平转子陀螺：陀螺由外框架、内框架和转子等组成。由于有两个框架，陀螺在空间有三个方向的自由度。因而无论井眼或外筒的倾斜方向如何，陀螺转子总可以保持水平状态。因此这种陀螺称为水平转子陀螺。转子在内框架内的最大摆动角度为70°，所以仅能测量井斜角小于70°的井眼。陀螺主轴方向在表盘上的对应刻度为0°，陀螺表盘按360°划分刻度，每两度一格。测角装置井眼方位指针在表盘刻度上的投影反映了井眼方位的角度值。表盘外圈的白三角可用于陀螺下井前调整陀螺主轴方向及陀螺漂移检查。陀螺下井前望远镜与校准镜同时对准参照物时，白色三角所对准的表盘刻度应等于事先计算好的表盘读数。阅读胶片时，白三角的读数即为陀螺方位。

（4）外筒：外筒部分包括保护筒、电池筒、扶正器、转节、配合接头和电缆头等。

2. 陀螺多点照相测斜仪的使用

仪器下井前首先要确定间距。通常，测点间的距离为30 m。但有时也要根据井眼情况和胶片工作时间的限制对间距进行缩短或加长。陀螺多点照相测斜仪的使用方法有两种。一种是投测，即在起钻前将测斜仪投入钻具水眼内，当其到达钻头时即开始工作，其后，随起随测，在起钻过程中要求每间隔一定距离（通常起1～3柱）静止45～60 s，以确保获得清晰的胶片。另一种方法是吊测，即用钢丝绳把测斜仪送入钻头位置，待其工作后上提仪器，随起随测。

3. 吊测时的操作要点

（1）仪器下放速度＜60 m/min。

（2）每30 m（或根据需要确定的测距）一测点，每测点静止45～60 s以得到三张照片。

（3）起车刹车要慢。刹车提前2～3 m减慢速度，提放速度要平稳。

（4）无论仪器下井或出井，每10 min做一次漂移检查，每次检查静止仪器3 min。

（5）狗腿严重度＞4°/30 m或造斜井段应加密漂移检查。

(6) 近井底 30 m，减慢下放速度。

(7) 仪器不可撞击钻头而损坏陀螺，一般测至距井底 10 m 以上。

(8) 上提仪器可每 150 m 一测点。如果井浅也可加密测点，可间隔 30 m、60 m 或 90 m。测点要与仪器下井时的测点相重合，以便检查测斜数据是否一致。

第四节　钻井装备发展趋势

随着科技进步和油气勘探不断向沙漠、深海和北极地区拓展，石油钻井装置的发展趋势将日益轻便化和自动化。其中最有发展前途的项目是盘管钻机、导向钻具和智能钻井系统。

一、盘管钻机

盘管钻机的最大特点是，采用具有一定可挠性的高强度低碳钢无缝管作为钻杆，下接井下动力钻具和高效钻头钻井。盘管长度由 900 多米到 7000 多米不等，视钻井需要而定，把它盘绕在一个直径 3 m 左右的大卷筒上。下钻时只需从卷筒上放出盘管，到达井底后启动井下动力钻具钻进，起钻时只需开动环链牵引器，转动大卷筒，把盘管盘绕在大卷筒上便可把井下钻具提出井口。由于它不必上下提升和接卸钻杆，因此可不再配备大型吊井系统和起下钻设备，并可节省大量的接单根、起下钻时间，显著提高钻井时效。更由于泥浆泵的高压出口管线始终与盘管的起始端连接，故在起下钻期间可以连续循环泥浆，不断清洗井筒，可有效地防止钻具黏卡等井下事故。此外，在连续盘管内还可装入多芯电缆，用以输送电能，传输测试和调控各种钻井参数的有关信息，有利于实现钻井过程的全面自动化。

二、导向钻具

导向钻具主要由导向马达、可变径稳定器、随钻测量系统和高效金刚石复合齿钻头组成。导向马达是一种弯角可调的螺杆马达，它与可变径稳定器配合使用，可以调节钻头的前进方向，促使它沿着预定的轨迹钻进。随钻测量系统是接在螺杆马达上下的一系列电子器件，它可随钻测量井斜、方位、工具面角，以及地层电阻率和自然伽马等参数，由泥浆脉冲发生器把这些信息传送到地面，经计算机分析处理，可及时了解井筒的确切方位、井斜角及其与某种岩层界面的相对距离。如果井筒偏离了预定的轨迹，便可调节可变径稳定器和采取有关的钻井措施，引导钻头按照要求的方向钻进。

三、智能钻井系统

这是一种由井下计算机按预定程序，进行闭环控制的钻井系统。一般由随钻测量、智能控制和执行机构等部分组成。这套系统与盘管钻机相结合，便可实现钻进过程的全自动化。

第三章　钻井液技术

钻井液是用于钻井的流体，是钻井工程中非常重要的组成部分。随着钻井技术的不断发展，钻井液技术在钻井过程中所起的作用越来越重要。

第一节　钻井液概述

钻井液（也称钻井泥浆或泥浆）是指油气钻井过程中以其多种功能满足钻井工作需要的各种循环流体的总称。

为了防止和尽可能减少对油气层的损害，现代钻井技术还要求钻井液必须与所钻遇的油气层相匹配，满足保护油气层的要求，所使用的钻井液要有利于地层测试，不影响对地层的评价，此外钻井液还应对钻井人员及环境不发生伤害和污染，对井下工具及地面装备的腐蚀越低越好。

一、钻井液组成

大多数钻井液主要是由水、膨润土和处理剂组成的溶胶及悬浮体的混合体系。钻井液的性质主要受膨润土、水和各种处理剂影响。钻井液的主要成分如下：

（1）膨润土——钠土、钙土、抗盐土和有机土。

（2）水——淡水、盐水、饱和盐水和海水。

（3）各种处理剂——分散剂、絮凝剂、降滤失剂、稀释剂等。

（4）加重剂——重晶石粉、超细目碳酸钙粉等。

（5）油——原油和柴油等。

(6) 气体——空气和氮气等。

二、钻井液类型

随着钻井液工艺技术的不断发展，钻井液的种类越来越多。目前，对钻井液的分类方法较多，其中常用的分类方法有：

(1) 按钻井液密度的大小可分为加重钻井液和非加重钻井液。

(2) 按钻井液中膨润土水化程度的不同可分为抑制性钻井液和非抑制性钻井液。

(3) 按固相含量的不同可分为低固相钻井液和无固相钻井液。

(4) 根据钻井液中流体介质的不同，将钻井液可分为水基钻井液、油基钻井液和气体钻井液。

三、钻井液作用

钻井液的基本作用有以下七个方面：

(1) 清洗井底，悬浮和携带岩屑及加重剂，保持井眼清洁。

(2) 平衡地层压力和井壁侧压力，稳定井壁，防止井喷、井漏和井塌等事故的发生。

(3) 传递水功率，以帮助钻头破碎岩石。

(4) 冷却和润滑钻头及钻具。

(5) 为井下钻具提供动力。

(6) 部分支承钻柱和套管的重量。

(7) 从钻井液中获得所钻地层的地质资料。

第二节 钻井液性能及其对钻井的影响

钻井液性能及测试按照 API 推荐的钻井液性能测试标准，需检测的钻井液常规性能包括：密度、漏斗黏度、塑性黏度、动切力、静切力、API 滤失量、HTHP 滤失量、pH 值、碱度、含砂量、固相含量、膨润土含量和滤液中各种离子的质量浓度等。

一、钻井液密度

（一）钻井液密度的概念

单位体积钻井液的质量称为钻井液的密度，单位是克/厘米^3（g/cm^3），常用符号ρ表示。钻井液密度的计算公式为

$$\rho=\frac{P_{地}\times 102}{H}+\rho_e$$

式中ρ——钻井液密度，g/m^3；

$P_{地}$——地层压力，MPa；

H——井深，m；

ρ_e——附加密度，油层附加0.05～0.1，气层附加0.07～0.15。

由于起钻时可能产生抽吸作用或液面下降，另外气体进入井内，也会引起液柱压力降低，因此钻井液密度要有一附加值。

（二）钻井液密度与钻井的关系

钻井液密度与钻井的关系体现在两个方面：

1. 平衡地层压力和井壁侧压力

在钻井作业中，钻井液的功能之一是利用钻井液质量产生的液柱压力来平衡地层压力和井壁侧压力，防止井喷、井漏和井壁垮塌；同时防止高压层中的油、气、水进入钻井液中破坏钻井液的性能，引起井下复杂情况。

2. 钻井液密度与钻速的关系

一般而言，钻井液密度越大，机械钻速越低；钻井液密度越小，机械钻速越高。

（三）钻井液密度的调整

1. 提高钻井液密度

钻进高压盐水层或高压油气层前，要对钻井液进行加重。

加重的方法如下：①加入重晶石粉等加重材料；②加入可溶性无机盐如NaCl、KCl等；③钻井液中有气泡时，通过对钻井液进行除气，也可以提高钻井液密度。其中，在钻井液中加入加重剂是最常用的提高密度的方法。

2. 降低钻井液密度

钻进低压油气层、实现平衡钻井或欠平衡钻井时，常常碰到降低钻井液密度的问题；处理井漏时也需要降低钻井液密度。降低钻井液密度的方法有：①减少钻井液中的固相含量；②加入大量清水稀释；③加入一定数量的发泡剂，利用气体充入钻井液中降低钻井液密度；④混油；⑤钻低压油气层时选用气体钻井液。

二、钻井液流变参数

钻井液的流变参数是描述钻井液流变性的重要指标。常用的流变参数包括：漏斗黏度、塑性黏度、动切力、表观黏度、剪切稀释性、切力、触变性、n 值和 K 值。

（一）钻井液流变性与钻井的关系

实践表明——钻井液的流变性能与钻井液携带岩屑、悬浮岩屑、保证井眼规则和井下安全有关，而且与提高机械钻速有关。

1. 流变性与悬浮、携带岩屑和净化井眼的关系

钻井液黏度的作用是将井底的钻屑有效地携带到地面，这是关系到能否安全快速钻井的问题。实践表明：钻井液黏度、切力越大，钻井液悬浮和携带岩屑的能力越强，井眼的净化效果就越好；反之，钻井液黏度、切力降低，钻井液悬浮和携带岩屑的能力变差，井眼的净化效果差。

2. 钻井液流变性与机械钻速的关系

实践表明，在钻井过程中，钻井液黏度、切力升高，钻速下降。

钻井液黏度、切力低，机械钻速高，但钻井液的悬浮、携带岩屑的能力下降，会造成井内沉砂快，同时钻井液对井壁的冲刷严重，易造成井壁剥落坍塌、井漏等严重后果。钻井液的黏度、切力大，有利于悬浮、携带岩屑，但黏度、切力过大，就可能会给钻井工作带来井下遇阻遇卡、井漏、井喷、井塌等不利后果。

因此，钻井液黏度既不能太高，也不能太低。

确定钻井液黏度的原则是：①在保证有效悬浮和携带岩屑的

情况下，黏度、切力应尽可能的低；②井深时，由于泵压高，排量受限制，为了有效地悬浮和携带岩屑，黏度、切力应大些；③当井眼出现垮塌、沉砂较多或出现井漏时，为消除井下复杂情况，钻井液黏度应适当增大；④要求钻井液从钻头水眼处喷出时黏度要低，钻井液在环形空间时黏度要高，即钻井液具有良好的剪切稀释性。

（二）流变参数的调整

1. 调整黏度的方法

（1）调整塑性黏度的方法

1）降低塑性黏度的方法：通过合理使用固相控制设备、加水稀释或化学絮凝的方法，降低固相含量，达到降低塑性黏度的目的。

2）提高塑性黏度的方法：增加钻井液中高分子聚合物的用量、混入原油、加入低造浆率的膨润土、重晶石粉或适当提高pH值。

（2）调整表观黏度的方法

1）降低表观黏度的方法：在钻井液中加入清水、混入稀钻井液和用稀释剂等。

2）提高表观黏度的方法：在钻井液中加入膨润土（或预水化膨润土浆）、纯碱、烧碱等。

2. 调整动切力（结构黏度）的方法

（1）提高动切力的方法

①加入预水化膨润土浆；②增大高分子聚合物的加量；③对于盐水钻井液和钙处理钻井液，可以通过适当增加 Ca^{2+} 和 Na^{+} 的浓度来达到提高动切力的目的。

（2）降低动切力的方法

①加入稀释剂，拆散钻井液中已经形成的网状结构；②加清水或稀钻井液稀释；③若因污染引起的切力过高，可用沉淀法除去 Ca^{2+}、Mg^{2+}，拆散网状结构。

3. 调整 n 值和 K 值的方法

(1) 调整 n 值的方法

钻井液的 n 值主要受钻井液中网状结构的影响。

降低 n 值的方法为在钻井液中加入高分子聚合物、适量的无机盐、在盐水钻井液中加入预水化膨润土浆等。其中，加入高分子聚合物是比较好的一种方法。

(2) 调整 K 值的方法

钻井液的 K 值主要受钻井液中固相含量和液相黏度及结构强度的影响。

降低 K 值：可通过加强钻井液中固相含量的控制和加水稀释来达到降低 K 值的目的。

提高 K 值：可通过在钻井液中添加适量的聚合物、预水化膨润土浆（K 值上升，n 值下降）、重晶石粉（K 值提高，n 值基本保持不变）等方法进行。

三、钻井液滤失造壁性

在钻井过程中，当钻头钻过渗透性地层时，由于钻井液的液柱压力一般总是大于地层孔隙压力，在压差作用下，钻井液的液体便会渗入地层，这种特性常称为钻井液的滤失性。

在液体发生渗滤的同时，钻井液中的固相颗粒会附着并沉积在井壁上形成一层泥饼。随着泥饼的逐渐加厚以及在压差作用下被压实，会对裸眼井壁有效地起到稳定和保护作用，这就是钻井液的所谓造壁性。

（一）钻井液滤失造壁性相关概念

1. 滤失

在井内钻井液液柱压力与地层压力之差作用下，钻井液中的部分水分渗透到地层孔隙和裂缝中去的现象叫做钻井液的滤失或失水。

滤失的多少叫做钻井液的滤失量或失水量。根据滤失形成的过程，将滤失分为动滤失、静滤失和瞬时滤失。

静滤失是钻井液在井内静止条件下形成的滤失，在这个过程中钻井液滤失速率不断减小，直至最小，最终滤失量不再增加，滤饼则不断增厚。

动滤失是指钻井液在井内不断循环条件下，井壁上的滤饼不断形成和不断被破坏达到动态平衡时产生的滤失。在这个过程中钻井液循环时，一方面在井内压差作用下滤饼不断的形成，另一方面形成的滤饼不断地受到流动钻井液的冲刷，当滤饼形成速度和被冲刷速度达到动态平衡时，滤饼就形成，滤饼的厚度达到一定值，而在整个过程中滤失量不断增加。

瞬时滤失是指在地层刚被钻开时，滤饼还没有形成的条件下，钻井液中的水分和少量钻井液在短时间内渗入到地层中去的现象。

2. 滤饼

钻井液在滤失的同时钻井液中固体颗粒在井壁上堆积形成一层堆积物，这层堆积物叫钻井液的滤饼。

3. 钻井液的造壁作用

钻井液在滤失的同时在井壁上形成滤饼的性质。

（二）滤失与钻井工作的关系

从滤失过程看，在相同的时间内，钻井液的动滤失比静滤失形成的滤失量要大，钻井液的静滤失要比动滤失形成的滤饼要厚，为防止滤失量过大造成的影响应该控制动滤失量，为了防止滤饼过厚引起的麻烦应该控制静滤失，而在考虑滤失对钻速的影响时，应重视瞬时滤失。

1. 滤失量过大对钻井的影响

钻井液向井壁的滤失量过大，会使水敏性泥页岩地层水化、膨胀、剥落，造成井径扩大或缩小，甚至井壁坍塌、卡钻等；使油层孔隙中黏土颗粒发生膨胀，堵塞油层孔隙、损害油层渗透率，破坏油层；钻井液易脱水变稠，流动性变差，泵压易升高。

钻井液向井底的滤失量大，渗入地层中的滤液能削弱地层岩石的强度，增大地层的裂缝，有利于钻头破碎岩石，提高钻井的机械钻速。

2. 滤饼过厚对钻井的影响

滤饼过厚，泥饼的摩阻系数过大，易产生黏附卡钻；易发生泥包钻头，堵死钻头水眼，起下钻时波动压力过大；易造成起钻遇阻，下钻遇卡，影响打捞工具和电测工具的下入，影响打捞工作和电测工作正常进行；影响固井质量，甚至对低压油气层的发现也有影响。

3. 钻井对滤失的要求

对钻井液滤失量的一般要求是：①在钻开油气层时，应尽量控制滤失量，以减轻滤液对油气层的损害。一般API滤失量应小于5 mL，模拟井底温度的HTHP滤失量应小于15 mL。②钻遇易坍塌地层时，滤失量应严格控制，最好小于5 mL。③对一般地层，API滤失量应控制在10 mL以内，HTHP滤失量不应超过20 mL。但有时也可以适当放宽，有些油基钻井液正是通过适当放宽滤失量来提高钻速的。④要注意提高滤饼质量，尽可能形成薄、致密、坚韧以及润滑性好的滤饼，以利于稳固井壁和避免压差卡钻。⑤加强对钻井液滤失量性能的检测。正常钻井时每4 h测一次常规滤失量。对定向井、丛式井、水平井、深井和复杂井要增测HTHP滤失量和滤饼的润滑性，对其要求也要相应高一些。

4. 钻井液滤失量性能的控制与调整

在钻井工艺中，控制和调整钻井液滤失性能的关键在于改善滤饼的质量。常用的方法有：①使用膨润土造浆；②在钻井液中加入适量的纯碱、烧碱或有机分散剂，提高膨润土颗粒的分散程度和水化程度；③在钻井液中加入CMC或其他聚合物等，以保护膨润土颗粒，防止其聚结，提高膨润土颗粒的分散程度；④在钻井液中加入一些极细的胶体分子（如腐殖酸钙胶状沉淀），形成致密的滤饼，同时提高其抗剪切能力。

（三）钻井液的润滑性

1. 润滑性能好的钻井液的优点

（1）减少钻具的扭矩、磨损和疲劳，延长钻头轴承的使用寿命。

（2）减小钻柱的摩擦阻力，缩短起下钻的时间。

（3）能用较小的动力来带动钻具。

（4）能防止黏附卡钻和钻头泥包。

2. 钻井液润滑性的主要影响因素

（1）钻井液的黏度、密度和固相含量。

（2）钻井液的滤失性、岩石条件、地下水和滤液的 pH 值。

（3）有机高分子处理剂的使用。

（4）润滑剂的使用。

3. 改善钻井液润滑性的方法

通过对钻井液润滑性能的评价发现：大多数油基钻井液的摩阻系数在 0.08～0.09 之间，而水基钻井液的摩阻系数在 0.20～0.35 之间。而钻水平井时，钻井液的摩阻系数应尽可能保持在 0.08～0.10 之间才能很好地满足钻井工作的要求。改善钻井液润滑性的方法有：①合理使用润滑剂；②改善滤饼质量。

四、钻井液的 pH 值和碱度

（一）钻井液的 pH 值

1. 概念

钻井液的 pH 值即钻井液的酸碱度，表示钻井液的酸碱性强弱程度，它等于钻井液中氢离子浓度的负对数。常用字母“pH”表示，又称为 pH 值。

当 pH 值等于 7 时，钻井液呈中性；当 7＜ pH 值 ≤14 时，钻井液呈碱性，且 pH 值越大，钻井液的碱性越强；当 0＜ pH 值 ＜7 时，钻井液呈酸性，且 pH 值越小，钻井液的酸性越强。

2. pH 值与钻井的关系

(1) pH 值对钻井液性能的影响

1) pH 值对钻井液中膨润土的影响：钻井液中的膨润土颗粒在碱性介质中，OH^- 以氢键形式吸附在颗粒表面，使颗粒表面负电荷增多，水化膜增厚，水化分散能力增强，钻井液较稳定。钻井液 pH 值偏低时，钻井液中 H^+ 浓度偏大，钻井液中膨润土颗粒表面进行阳离子交换而转变为氢土，使颗粒的水化性和分散性变差（因为 H^+ 的水化性很弱），破坏了钻井液的稳定性，钻井液失水增大，切力升高。若钻井液的 pH 值过高，会使膨润土颗粒的水化分散性过强，则会造成钻井液黏度过大、井壁不稳等后果。

2) pH 值对处理剂的影响：许多有机处理剂（如丹宁、栲胶等）必须在碱性条件下才能使用，必须在碱溶液中转化成钠盐才能发挥作用。若钻井液中 pH 值较低时，处理剂的溶解度大大下降，不能很好地吸附在膨润土颗粒表面，使处理剂的效能降低。另外钻井液的 pH 值较低时，有机处理剂容易在井下发酵变质，也降低其效能。

(2) pH 值对钻井工艺的影响

1) 若钻井液的 pH 值过高，黏土的水化分散性增强，使井径易变小，造成缩径，对巩固井壁、防止缩径和防止井壁坍塌不利。同时若 pH 值过高，钻井液的碱性过大，钻井液的腐蚀性强，增大了工作的危险程度。

2) pH 值低于 7，钻井液不稳定，而且对钻具和机械设备也有较强的腐蚀性。

因此，钻井液的 pH 值一般保持在 8 以上。

3. pH 值的调整

现场可用 pH 试纸测量钻井液的 pH 值。若要求的精确度较高时，可以用 pH 计测量。

(1) 提高钻井液 pH 值的方法

钻井生产中通常用烧碱来提高钻井液的 pH 值，有时也用纯碱、石灰。但现场是加入高碱比的处理剂（如高碱比的栲胶或丹宁溶液等），一方面提高了钻井液的 pH 值，另一方面降低了钻井液的黏度和切力。

（2）降低 pH 值的方法

现场降低钻井液 pH 值时，一般加入适量的弱酸性处理剂即可。

（二）钻井液的碱度

1. 概念

钻井液碱度是指溶液或悬浮体对酸的中和能力。

为了建立统一的标准，API 选用酚酞和甲基橙两种指示剂来评价钻井液及其滤液碱性的强弱。酚酞的变色点为 pH＝8.3。在进行滴定的过程中，当 pH 值降至 8.3 时，酚酞即由红色变为无色。因此，能够使 pH 值降至 8.3 所需的酸量被称为酚酞碱度。钻井液及其滤液的酚酞碱度分别用符号 P_m 和 P_f 表示。甲基橙的变色点为 pH＝4.3。当 pH 值降至 4.3 时，甲基橙由黄色变为橙红色。能使 pH 值降至 4.3 所需的酸量，称为甲基橙碱度。钻井液及其滤液的甲基橙碱度分别用符号 M_m 和 M_f 表示。

2. 引入碱度的目的

（1）碱度的测定值能方便地确定钻井液滤液中 OH^-、HCO_3^-、CO_3^{2-} 离子的含量，据此可判断钻井液碱度的来源。

（2）可以确定钻井液体系中悬浮石灰［$Ca(OH)_2$］的量（即储备碱度，主要是指未溶石灰构成的碱度）。

3. 钻井液碱度的应用

在实际工作中，可以用 M_f 与 P_f 的比值相对表示 HCO_3^-、CO_3^{2-} 对钻井液的污染程度。当 $M_f/P_f=3$ 时，表示 CO_3^{2-} 浓度较高，即已经出现了 CO_3^{2-} 污染；如果 $M_f/P_f\geqslant5$，则已经出现了严重的 CO_3^{2-} 污染。根据其污染程度采用相应的处理措施。

注：当 pH 值＞11.3 时，钻井液中几乎不存在 HCO_3^-；当 pH 值＜8.3 时，钻井液中只存在 HCO_3^-；当 pH 值＝8.3～11.3 时，

HCO_3^- 和 CO_3^{2-} 共存。

在实际应用中，也可以用碱度代替 pH 值，表示钻井液的酸碱性。具体要求是：①一般钻井液的 P_f 最好保持在1.3～1.5mL；②饱和盐水钻井液的 P_f 保持在 1mL 以上即可，而海水钻井液的 P_f 应控制在 1.3～1.5mL；③深井钻井液应严格控制 CO_3^{2-} 的含量，一般应将 M_f/P_f 控制在 3 以内。

五、钻井液含砂量

（一）钻井液含砂量概念

钻井液含砂量是指钻井液中不能通过 200 目筛子（即边长为 74μm）的固体颗粒体积占钻井液体积的百分数。一般用 N 表示。

（二）含砂量与钻井的关系

钻井液工艺要求钻井液的含砂量越小越好，一般控制在 0.5%以下，否则会造成以下危害：①使钻井液密度升高，造成机械钻速下降；②使滤饼的摩擦系数增加，易造成黏附卡钻；③使滤饼的渗透性增强，造成滤失量增大，易使井壁垮塌；④使滤饼厚且松散，易造成起下钻遇阻遇卡，电测一次成功率降低，固井质量不好等；⑤钻头、钻具及机械设备磨损严重，降低使用寿命尤其是钻井液泵配件（如阀、缸套、活塞、拉杆等），同时增加了钻井液泵的检修次数，耽误了钻井时间，影响了钻井速度。

（三）含砂量的测量

1. 测量步骤

（1）取搅拌均匀的钻井液，注入到玻璃量筒至钻井液刻度线，加水至稀释刻度线，然后用拇指堵住管口用力摇匀。

（2）取出过滤筒将稀释好的钻井液倒入过滤筒进行过滤，同时用清水冲洗量筒中的所有物质一块过滤。

（3）敲击筛筒边缘以促使注入的钻井液通过筛网，如残留砂子不清洁，用清水反复冲洗，直到冲洗干净为止。

（4）冲洗好后，将小漏斗套在过滤筒上端，慢慢倒置，将漏斗下端插入玻璃量筒内，再从筛网背面用清水将砂子冲到量筒内，垂直静放。

（5）待砂子完全下沉后，记取刻度管里砂子沉积量，此值便是钻井液的含砂体积分数。

（6）测量油基钻井液的含砂量时，可用轻质油代替水。

2. 结果处理

钻井液的含砂量 $N=(V_{砂粒}/V_{钻井液})\times 100\%$ 。

3. 注意事项

（1）所测钻井液要进行充分搅拌，均匀后进行测定。

（2）在测定前应用清水把仪器各部件清洗干净。

（3）测定应按标准取样，加水不宜过多或过少，以免影响稀释及测定数据的准确性。

（4）在用筛网过滤冲洗砂子时，不能搅动筛网，以免损坏筛网而影响测量数值。

4. 降低含砂量的方法

（1）降低钻井液中的固相含量。

（2）在保证钻井液能充分悬浮和携带岩屑的情况下，应尽可能降低钻井液的黏度和切力，有利于岩屑在地面上的沉除。

六、钻井液固相含量

（一）钻井液固相含量的概念及钻井液固相分类

1. 钻井液固相含量的概念

钻井液固相含量是指钻井液中除液体外全部固体占钻井液总体积的百分数，用%表示。其中包括加重材料、钻屑及膨润土。

2. 钻井液固相分类

（1）根据固相性质的不同，可将固相分为活性固相（如膨润土）和惰性固相（如加重剂）。

（2）根据固相与钻井液性能的关系，将钻井液分为无用固相

（如钻屑）和有用固相（如膨润土和加重剂）。

（二）钻井液固相含量与钻井的关系

1. 与井下安全的关系

（1）固相含量高，使钻井液的黏度、切力上升，流动性、抗污染能力和井眼净化能力都变差，性能不稳定，处理频繁，增加钻井液成本和钻井成本。

（2）固相含量高，滤饼质量不好，滤饼的摩擦系数大，易发生黏附卡钻，容易造成起下钻遇阻遇卡；同时滤失量增大，造成地层膨胀、剥落、坍塌、缩径等，对油气层也造成损害，使产能下降。而且由于滤饼厚，影响固井质量。

（3）固相含量高，钻井液的含砂量高，能严重磨损钻头钻具和机械设备，使其先期报废，缩短使用寿命。

（4）固相含量高，易发生盐侵和黏土侵，抗污染能力变差，维持钻井液性能的难度增大。

（5）固相含量高，影响地质资料的录取，电测不顺利。

2. 与钻速的关系

（1）钻速随固相含量的升高而下降。

（2）在不同的固相含量范围内，钻速随固相含量降低而升高的幅度不同。

（3）钻井液中小于 1 μm 的固体颗粒对钻速的影响最大。

（三）钻井液固相含量的测量

固相含量可通过固相含量测定仪进行测量。固相含量测定仪由加热棒、蒸馏器和量筒组成。

1. 测量步骤

（1）将搅拌好的钻井液注入到拆开的蒸馏器液杯中，盖上计量盖，擦掉从计量盖小孔溢出的钻井液，取下计量杯盖，将黏附在杯盖底面上的钻井液刮回到液杯中，此时液杯中的钻井液为（20±0.01）mL。

（2）加入 2～3 滴消泡剂，将蒸馏器套筒拧紧在液杯上，最后将加热棒装入套筒内拧紧。

(3) 将蒸馏器引流管插入冷凝器的小孔中，再将玻璃量筒卡在冷凝器引流管上方，接取冷凝后的油和水。

(4) 将导线的母接头插在加热棒上端的插头上（切勿转动），接通电源，通电 3～5 min 后，从第一滴蒸馏液流出计时，直至全部蒸干大约 20～30 min，无液滴流出，切断电源。

(5) 用杯架套住蒸馏器上端部分，握住电线，取下蒸馏器，可用水冷却，但电线接头及套筒的连接处不能接触到水。

(6) 待蒸馏器和加热棒完全冷却后，卸开蒸馏器，用刮刀刮净液杯内、加热棒上及套筒内的固相成分，全部回收完后称取质量。

(7) 取出百分含量刻度量筒，直接读取油和水的百分含量，若油和水液面的分层不清，可加入 2～3 滴破乳剂以改善液面清晰度。

2. 结果处理

$$V_{固}(\%)=100(\%)-V_{油}(\%)-V_{水}(\%)$$

式中 $V_{油}(\%)$——油的体积分数，$V_{油}(\%)=(V_{油}/20)\times100\%$；

$V_{水}(\%)$——水的体积分数，$V_{水}(\%)=(V_{水}/20)\times100\%$；

$V_{固}(\%)$——固相的体积分数。

3. 注意事项

(1) 测定所取钻井液的样品必须充分搅拌，若有气泡需排除气泡后再进行测定。

(2) 液杯注入钻井液后，计量杯盖要慢放摆平，杯盖孔溢出的钻井液应擦掉，慢取杯盖，黏附在杯盖底面的钻井液应刮回液杯中，力求计算准确。

(3) 蒸馏器冷却，平时测定可自然冷却，示范测定可采用水淋冷却，电线插头及电热棒与套筒连接处不能接触水，以免水进入套筒。

4. 降低固相含量的方法

①自然沉淀法；②稀释法；③化学絮凝法；④机械设备清除法。

第三节　钻井液原材料和处理剂

一般来讲，钻井液配浆原材料是指在配浆过程中用量较大的基本组分，例如膨润土、水、油和重晶石等。处理剂则是指用于改善和稳定钻井液性能，或为满足钻井液某种性能需要而加入的化学添加剂。处理剂是钻井液的核心组分，往往很少的加量就会对钻井液性能产生极大的影响。

一、钻井液原材料

（一）黏土类

钻井液中常用的黏土主要有：膨润土（主要成分是蒙脱石）、普通黏土（蒙脱石含量较低，高岭石和伊利石含量较高）、抗盐黏土和有机土。

1. 膨润土

膨润土是水基钻井液的重要配浆材料。一般要求 1 t 膨润土至少能够配制出黏度为 15 MPa·s 的钻井液 16 m^3。

膨润土主要用来配制淡水钻井液，在钻井液中具有以下作用：①增加黏度和切力，提高井眼净化能力；②形成低渗透率的致密泥饼，降低钻井液的滤失量；③对于胶结不良的地层，可改善井眼的稳定性；④防止井漏。

2. 抗盐黏土

海泡石、凹凸棒石和坡缕缟石都属于典型的抗盐、耐高温黏土，主要用于配制盐水钻井液和饱和盐水钻井液。用抗盐黏土配制的钻井液一般形成的泥饼质量不好，滤失量较大。因此，必须配合使用降滤失剂。

抗盐黏土在钻井液中的作用：①提高盐水和饱和盐水钻井液

的黏度和切力；②提高钻井液的高温稳定性；③海泡石在保护油气层钻井液中可用作酸溶性暂堵剂。

（二）加重材料

加重材料又称加重剂，由不溶于水的惰性物质经研磨加工制备而成。加重材料应具备的条件是自身密度大，磨损性小，易粉碎；并且应属于惰性物质（不溶于钻井液，也不与钻井液中的其他组分发生相互作用）。

1. 加重材料的种类

加重材料通常有无机盐和悬浮固体两类。

无机盐加重材料主要有：氯化钠、氯化钙、氯化钾、溴化钾、溴化钙、溴化钠等可溶性盐粒。它们主要用于提高无固相清洁盐水钻井完井液和修井液的密度，目的是有效保护油气层。

悬浮固体加重材料主要有：重晶石粉、石灰石粉、方铅矿粉、碳酸钡粉等。

2. 加重材料的作用

（1）提高钻井液的密度，有效地控制地层压力，防止钻井过程中出现井塌、井漏、井涌、井喷等复杂情况。

（2）在完井、修井作业中能减少工作液中液相的漏失，减轻油层污染程度。

3. 钻井液常用的加重材料

（1）重晶石粉（$BaSO_4$）：一种以 $BaSO_4$ 为主要成分的天然矿石，经过机械加工后而制成的灰白色粉末状产品。其密度为 4.20 g/cm^3 左右，一般用于加重密度不超过 2.30 g/cm^3 的水基和油基钻井液。重晶石粉价格便宜、资源丰富，是一种硬度较低的加重材料，是在大多数油田普遍应用的一种钻井液加重剂。

（2）石灰石粉（$CaCO_3$）：常温下密度为 2.20～2.90 g/cm^3，加重时要求密度大于 2.70 g/cm^3，一般适用于配制密度不超过 1.68 g/cm^3 的钻井液和完井液。适用于在非酸敏性而又需进行酸化作业的油气层中用作钻井、完井的加重剂，以减轻钻井液、完井液对产层的损害。

(3) 铁矿粉（Fe_2O_3）和钛铁矿粉（$TiO_2 \cdot Fe_2O_3$）：铁矿粉的主要成分为 Fe_2O_3，密度为 4.9～5.3 g/cm³；钛铁矿粉的主要成分为 $TiO_2 \cdot Fe_2O_3$，密度为 4.5～5.1 g/cm³。二者均为棕色或黑褐色粉末。因它们的密度均大于重晶石粉，故可用于配制密度更高的钻井液和完井液。

此外，由于铁矿粉和钛铁矿粉均具有一定的酸溶性，可用来配制在需要进行酸化作业的油气层中使用的钻井完井液。由于这两种加重材料的硬度约为重晶石的两倍，因此耐研磨，在使用中颗粒尺寸保持较好，损耗率较低。但是，它对钻具、钻头等磨损也较为严重。在我国，这类加重剂的用量仅次于重晶石粉。

(4) 方铅矿粉（PbS）：方铅矿粉的主要成分为 PbS，一般呈黑褐色。因其密度高达 7.4～7.7 g/cm³，用于配制密度在 3.0 g/cm³ 以上的超高密度的钻井液；它既不溶于水，也不溶于碱，而能溶于酸，可用于需要进行酸化作业的油气层中使用的钻井完井液和修井液的加重剂。但该加重剂成本高、货源少，一般仅用于高压层特殊作业中加重。

(5) 碳酸钡粉（$BaCO_3$）：主要成分是 $BaCO_3$，其密度为 4.28～4.35 g/cm³，不溶于水，溶于酸，可在需要进行酸化作业的油气层中代替重晶石粉对工作液进行加重，有利于保护油气层。

（三）配浆水和油

钻井液的性能与配浆水的水质密切相关，水是配制各种钻井液时不可缺少的基本组分。

水中含有的各种杂质对钻井液的性能有影响，因此配制钻井液时必须预先了解配浆水的水质，不合格的水需经过适当处理后才能使用。

在钻井液工艺中，根据水中可溶性无机盐含量的多少，一般将配浆水分为以下三类：含盐量较少（总盐度低于 10 000 mg/L）

的淡水，含盐量较多的盐水和含盐量达饱和的饱和盐水。与之相应的钻井液分别称为淡水钻井液、盐水钻井液和饱和盐水钻井液。此外，常将含 Ca^{2+}、Mg^{2+} 较多的水称为硬水。

在水基钻井液中，水是分散介质，大多数处理剂均通过溶解于水而发挥其作用。在油包水乳化钻井液中，水（通常是含 $CaCl_2$ 或 NaCl 的盐水）是分散相；甚至在泡沫钻井流体中，水也是不可缺少的连续相。

原油、柴油和低毒矿物油也是配制钻井液时常用的原材料。在油基钻井液中，常选用柴油和矿物油作为连续相。在水基钻井液中，也常混入一定量的原油或柴油，以提高其润滑性能，并起降低滤失量的作用。在使用过程中，应注意油品的黏度不宜过高，否则钻井液的流变性不易调控。此外，还应考虑油品的价格和对环境可能造成的影响。对于探井，应考虑其荧光度对油气显示的影响。在选用原油时，应考虑其凝固点以及石蜡、沥青质含量等，以免对油气层造成不良的影响。

二、钻井液常用处理剂

（一）无机处理剂

1. 常用的无机处理剂

（1）纯碱：纯碱即碳酸钠（Na_2CO_3），又称苏打粉。无水碳酸钠为白色粉末，密度为 2.53 g/cm³，易溶于水，在接近 36℃时溶解度最大，水溶液呈碱性（pH 值为 11.5），在空气中易吸潮结成硬块（晶体），存放时要注意防潮。

纯碱在钻井液中的作用除调节 pH 值外，还能通过离子交换和沉淀作用使钙黏土变为钠黏土，即：Ca-黏土＋Na_2CO_3→Na-黏土＋$CaCO_3$↓，促使黏土水化分解。

由于上述反应可有效地改善黏土的水化分散性能，因此加入适量纯碱可使新浆的滤失量下降，黏度、切力增大。但过量的纯碱会导致黏土颗粒发生聚结，使钻井液性能受到破坏。其合适加量需通过造浆实验来确定。

此外，在钻井液受到钙、镁离子污染时，可加入适量纯碱除去钙、镁离子，从而使钻井液性能变好。

(2) 烧碱：烧碱即氢氧化钠（NaOH），外观为乳白色晶体，密度为 2.0～2.2 g/cm^3，易溶于水，溶解时放出大量的热，因此在配制水溶液时要注意防止烫伤，并注意搅拌，否则易在药池的底部产生重结晶。溶解度随温度升高而增大，水溶液呈碱性，pH＝14，属于强碱。烧碱容易吸收空气中的水分和二氧化碳，并与二氧化碳作用生成碳酸钠，存放时应注意防潮和变质，要密封加盖处理。

烧碱在钻井液中的作用有：调节钻井液的 pH 值；与某些处理剂（如丹宁、褐煤等酸性处理剂）配合使用，提高其效能；提供钠离子（Na^+），使钙黏土转变为钠黏土，提高其水化分散性；控制钙处理钻井液中钙离子（Ca^{2+}）的含量和石灰的溶解度，同时还可沉淀过剩钙离子和镁离子。

(3) 石灰：生石灰即氧化钙（CaO），吸水后变成熟石灰，即氢氧化钙［$Ca(OH)_2$］。生石灰在水中可溶解，但溶解度较低，且溶解度随温度的升高而降低，其水溶液呈碱性。熟石灰为白色粉末状固体，在空气中能吸收二氧化碳生成碳酸钙，它在水中的溶解度很小，且随温度的升高而降低。

石灰在钻井液中的作用主要有：提供 Ca^{2+}，以控制黏土的水化分散能力，使之保持在适度絮凝的状态；调节钻井液的 pH 值；配制石灰乳堵漏剂或石灰钻井液（低钙钻井液）；处理钻井液中的 CO_3^{2-}、HCO_3^- 污染。

需注意，在高温条件下石灰钻井液可能发生固化反应，使性能不能满足要求，因此在高温深井中应慎用。

(4) 石膏：石膏的化学名称为硫酸钙（$CaSO_4$），有熟石膏和生石膏两种。石膏是白色粉末，密度为 2.31～2.32 g/cm^3。处理钻井液时一般用熟石膏。石膏能溶于水，溶解度较低，但稍大于石灰。40℃以前，溶解度随温度升高而增大；40℃以后，溶解度随温度升高而降低。吸湿后结成硬块，存放时应注意防潮。

石膏在钻井液中的作用主要有：提供 Ca^{2+}，控制黏土的水化分散，使黏土保持适度的絮凝状态；用石膏处理钻井液，可避免钻井液的 pH 值过高；用于配制石膏钻井液。

（5）氯化钙：氯化钙（$CaCl_2$）通常含有六个结晶水，外观为无色斜方晶体，密度为 1.68 g/cm^3。易潮解，且易溶于水，其溶解度随温度升高而增大。

$CaCl_2$ 在钻井液中的作用主要有：用于配制防塌性能较好的氯化钙钻井液（高钙钻井液）；用作水泥速凝剂。

（6）氯化钠：氯化钠（NaCl）俗名食盐，为白色晶体，常温下密度约为 2.20 g/cm^3，纯净的氯化钠不潮解，通常因含有 $MgCl_2$、$CaCl_2$ 等杂质而易潮解。易溶于水，且随温度升高溶解度略有增大，水溶液呈中性。

氯化钠在钻井液中的作用主要有：用于配制盐水钻井液和饱和盐水钻井液；用于配制无固相清洁盐水钻井液；用于提高钻井液的密度；在保护油气层钻井液中可作为水溶性暂堵剂使用。

（7）氯化钾：氯化钾（KCl）外观为白色立方晶体，常温下密度为 1.98 g/cm^3。易溶于水，且溶解度随温度升高而增加，水溶液呈中性。KCl 是一种常用的无机盐类页岩抑制剂，具有较强的抑制页岩渗透水化的能力。

氯化钾在钻井液中的作用主要有：用作页岩抑制剂；用于配制具有强抑制性的钾盐聚合物防塌钻井液。

（8）混合金属层状氢氧化物：混合金属层状氢氧化物（简称为 MMH）由一种带正电的晶体胶粒所组成，常称为正电胶。目前，其产品有溶胶、浓胶和胶粉三种剂型，其中溶胶和浓胶在水中能迅速分散形成溶胶。该处理剂对黏土水化有很强的抑制作用，与膨润土和水所形成的复合体具有独特的流变性能。

MMH 在钻井液中的作用主要有：调节钻井液体系的电性；

增强钻井液的稳定性；调节钻井液的流变性；抑制黏土水化分散。

2. 无机处理剂在钻井液中的作用机理

无机处理剂都是水溶性的无机碱类和盐类，其中多数可提供阳离子和阴离子，也有一些与水形成胶体或生成络合物。它们在钻井液中的作用机理可归纳为以下方面：

（1）离子交换吸附：主要是黏土颗粒表面的 Na^{+} 与 Ca^{2+} 之间的交换。这一过程对改善黏土造浆性能、配制钙处理钻井液以及防塌等方面都很重要，对钻井液性能的影响也较大。

（2）调控钻井液的 pH 值：每种钻井液体系均有其合理的 pH 值范围。为使钻井液性能保持稳定，应随时对 pH 值进行调整。添加适量的烧碱等无机处理剂是提高 pH 值最简单的方法，而使用 $CaSO_4$ 或 $CaCl_2$ 等无机处理剂时，则会使钻井液的 pH 值有所下降。

（3）沉淀作用：如有过多的 Ca^{2+} 或 Mg^{2+} 侵入钻井液，会削弱黏土的水化和分散能力，破坏钻井液性能。此时，可先加入适量烧碱除去 Mg^{2+}，然后用适量纯碱除去 Ca^{2+}。这种沉淀作用还可用来使某些因受到污染而失效的有机处理剂恢复其作用。

（4）络合作用：利用某些无机处理剂的络合作用，同样可以有效地除去钻井液中的 Ca^{2+}、Mg^{2+} 等污染离子。例如，在受到钙侵的钻井液中加入足量的六偏磷酸钠，则可通过下面的络合反应除去 Ca^{2+}：

$$Ca^{2+} + (NaPO_3)_6 = [CaNa_2(PO_3)_6]^{2-} + 4Na^{+}$$

该反应所生成的络离子 $[CaNa_2(PO_3)_6]^{2-}$ 相当稳定，将 Ca^{2+} 束缚起来，相当于从钻井液的滤液中除掉了 Ca^{2+}。

（5）与有机处理剂生成可溶性盐：由于许多有机处理剂，如丹宁、腐殖酸等在水中溶解度很小，不易吸附在黏土颗粒上，因而不能发挥其效能。只有通过加入适量烧碱，使之转化为可溶性盐，如丹宁酸钠和腐殖酸钠，才能充分发挥其效能。这也是钻井液应始终保持碱性环境的一个重要原因。

(6) 抑制溶解的作用：在钻遇盐岩和石膏地层时，常使用盐水钻井液和石膏处理的钻井液；对于大段的盐膏层，甚至使用饱和盐水钻井液。其目的一是为了增强钻井液抗污染的能力，二是为了抑制和防止上述可溶性岩层的溶解，使井径保持规则。

以上介绍的是无机处理剂最基本的作用机理，它们之间往往是互相联系的。

(二) 有机处理剂

有机处理剂一般多是有机高分子化合物，按其作用可分为稀释剂、降滤失剂、絮凝剂三大类。

1. 稀释剂（降黏剂）

用来降低钻井液黏度和切力以改善钻井液流动性的物质称为稀释剂（降黏剂）。一般指有机物质，因此又叫有机稀释剂。

根据钻井液稀释剂（降黏剂）作用机理的不同，可分为分散型稀释剂和聚合物型稀释剂两大类。分散型稀释剂主要包括丹宁类（如丹宁碱液，代号为 NaT；磺甲基丹宁，代号为 SMT；栲胶碱液，代号为 NaK；磺甲基栲胶，代号为 SMK）和木质素磺酸盐类（如铁铬盐，又称铁铬木质素磺酸盐，代号为 FCLS）。聚合物型稀释剂主要包括共聚型聚合物降黏剂和低分子聚合物降黏剂，如 X-40 系列降黏剂、XY-27、磺化苯乙烯－马来酸酐共聚物（代号为 SSMA）等。

2. 降滤失剂

加入钻井液后，能显著降低钻井液的滤失量、提高滤饼质量的有机物质称为降滤失剂。降滤失剂又称为滤失控制剂、降失水剂。加入降滤失剂的目的，就是要通过在井壁上形成低渗透率、柔韧、薄而致密的滤饼，尽可能降低钻井液的滤失量。降滤失剂是钻井液处理剂中的重要剂种，主要分为以下几类：

(1) 纤维素类，如钠羧甲基纤维素（代号为 Na-CMC 或 CMC）等。

(2) 腐殖酸类，如煤碱液（代号为 NaC）、磺甲基褐煤（代号为 SMC)、铬腐殖酸等。

(3) 丙烯酸类，如水解聚丙烯腈钠盐（代号 Na-HPAN)、水解聚丙烯腈铵盐（代号 NH_4-HPAN)、水解聚丙烯腈钙盐（代号 Ca-HPAN)、丙烯酸盐 SK 系列、PAC 系列等。

(4) 淀粉类，如羧甲基淀粉（代号为 CMS)、羧丙基淀粉（代号为 HPS)、抗温淀粉（代号为 DFD-140）等。

(5) 树脂类，如磺甲基酚醛树脂（代号为 SMP)、磺化木质素磺甲基酚醛树脂缩合物（代号为 SL-SP)、磺化褐煤树脂等。

3. 絮凝剂

其作用是使钻井液中过多的黏土细颗粒和钻屑经过絮凝变成粗颗粒，再配合固相控制设备及时地被清除掉，保持钻井液的低固相。絮凝剂也是一种良好的包被剂，可以使钻屑不分散，易于清除，同时对井壁具有防塌作用。

常用的絮凝剂主要有聚丙烯酰胺（代号为 PAM)、水解聚丙烯酰胺（代号 PHP)、聚丙烯酰胺和丙烯酸钠共聚物（代号 80A51)、醋酸乙烯脂-顺丁烯二酸酐共聚物、消石灰、石膏及含铝离子的无机盐等。

4. 其他处理剂

(1) 增黏剂：其作用主要是用于促进钻井液中黏土颗粒间网状结构的形成，增加胶凝强度，提高钻井液的黏度和切力。常用的增黏剂主要有高黏 CMC、复合离子型聚丙烯酸盐 PAC、高分子聚合物如水解聚丙烯酰胺（代号为 PHP)、预胶化淀粉、XC 生物聚合物、羟乙基纤维素（代号为 HEC）等。

(2) 润滑剂：其作用主要是用来降低钻井液滤饼的摩擦系数，防止黏附卡钻。常用的润滑剂主要有某些油类、塑料小珠（代号为 HZN-102)、石墨 OP-30、RFT-443 润滑剂、低荧光粉状防卡剂（代号为 RH)、RH-3 润滑剂、无荧光钻井液润滑剂（代号为 RT-001)、聚氧乙烯硬脂酸酯-6、磺化妥尔油沥青、甲基磺酸铅等。

（3）页岩抑制剂：其作用主要是用来抑制钻井液中黏土矿物和井壁页岩的水化膨胀和分散，维持钻井液性能，保持井壁稳定。常用的页岩抑制剂主要有三类：①无机盐类，如钾盐、钠盐、石灰、石膏、硅酸盐、铵盐等；②各种沥青类制品，如氧化沥青、改性沥青、高改性沥青粉（代号 KAHM）、水分散沥青（代号 SR）和磺化沥青（代号为 FT-342、FT-341、FT-1）等；③聚合物钾盐类，如腐殖酸钾（代号 KHm）、聚丙烯酸钾（代号 KHPAM 或 HZN101）、水解聚丙烯腈钾盐（代号K-HPAN）、硝基腐殖酸钾（代号 MHP）等。

（4）堵漏剂：其主要作用是用来封堵漏失地带，以恢复钻井液的正常循环。常用的堵漏剂主要有惰性堵漏剂和化学堵漏剂。惰性堵漏剂主要有三大类：①颗粒状堵漏剂，如贝壳粉、果壳粉、蛭石、核桃壳、多孔隙珍珠岩等；②薄片状堵漏剂，如云母片、塑料废纸片、木片、赛璐珞粉等；③纤维状堵漏剂，如棉籽壳、木屑、锯末、甘蔗渣、树皮等。化学堵漏剂有尿素甲醛树脂等。

（5）解卡剂：其主要作用是当钻具在井内被井壁上的滤饼黏附而造成卡钻后、向井内黏卡井段注入解卡剂来降低钻井液滤饼的摩擦系数，增大滤饼的润滑性，从而解除卡钻事故。常用的解卡剂有：各种油类、粉末固体解卡剂（代号 SR-301）、液体解卡剂（代号为 AYA-150 和 DJK-1 等）。

（6）消泡剂：其作用主要用于消除钻井液中的气泡及降低钻井液的起泡作用，尤其是对于咸水及盐水钻井液更为重要。常用的消泡剂主要有泡敌、OP-1、硬脂酸铝、甘油聚醚（代号有 XBS-300、GB-300、N-33025）、辛醇-2、AF-35 消泡剂等。

第四节　现场钻井液的维护与处理

一、维护与处理钻井液时应注意的问题

1. 钻井液性能的测量和观察

（1）在正常钻进过程中要求每 30 min 测量一次密度、漏斗

黏度，每班测量 2～3 次全套性能（包括密度、黏度、切力、滤失量、滤饼、含砂量、pH 值、表观黏度和固相含量等）。

（2）在起钻前、下钻后、钻井液刚刚处理后和有油、气、水侵及化学污染等情况下，应测量钻井液的“循环周”，即 5～10 min 测量一次密度和漏斗黏度，测一个循环周期。

（3）发现性能异常，则重复测量，并根据钻井液性能变化，分析井下情况。并且要经常注意钻井液槽面，观察钻井液的直观流动性，有无油、气、水侵及化学污染，观察钻井液净化情况。同时还要注意砂样变化情况，及时了解钻时、钻压、钻井等，结合这些因素的变化，发现和判断钻井液性能异常的原因。

（4）定时校正钻井液的测量仪器，使测量数据准确无误。

2. 钻井液的日常维护和化学处理

（1）钻井液的日常维护：影响钻井液的因素很多，但存在着一定的规律。因此，要认真分析研究并掌握这些规律，做到预处理。如在进入高压油、气、水层之前，将钻井液密度提高，并调整加重钻井液的性能，就可顺利钻穿高压层。

（2）做好钻井液的化学处理：所谓钻井液的化学处理就是通过加入化学处理剂来调整钻井液性能的过程。化学处理往往使钻井液的性能发生大幅度的变化，因此在进行化学处理时要注意以下几个问题：

①要选择好处理时机。通常化学处理是在正常钻进过程中进行，切忌处理过程被迫中断。尽量不要在起钻、井下情况不正常或设备无保证的情况下处理钻井液。

②要选准处理剂加量。处理剂的加量应是小型实验时处理剂加量的 50%～80%，并且要整周均匀加入，以确保钻井液性能的均匀、稳定。

③处理时要勤观察、勤测量钻井液性能，以检验处理效果是否达到要求。

④处理后要测“循环周”。一方面了解钻井液性能是否均匀，

否则要充分循环或另行处理；另一方面做好资料、数据的收集和整理，认识钻井液性能变化的规律以不断积累现场处理经验，提高钻井液的处理水平。

二、钻一口井各阶段的钻井液工作

1. 钻表层前后

(1) 将水罐、大循环坑打满水，然后用清水检查循环系统是否完好，并无刺漏现象。

(2) 检查一开所需的钻井液或配备钻井液所需的材料、处理剂是否准备齐备。

(3) 检查并校正钻井液测量仪器。

(4) 应特别注意钻进中黏度的变化和井漏情况。

2. 快速钻进阶段

由于上部地层比较松软，钻进速度快，钻井液消耗大，要经常不断地补充清水和必要的处理剂。因此在二开前应注意清水和处理剂的储备，确保钻进中钻井液性能的需要。开始钻进时一般以清水稀释为主，按设计要求调整钻井液的性能。在起钻前 50 m 左右要用处理剂调整好钻井液性能，使钻井液性能达到起钻要求，并在起钻过程中灌好钻井液。

3. 中深井和深井阶段

(1) 调整好钻井液的性能，使钻井液性能良好、稳定，并符合设计要求。

(2) 要认真清理循环系统，清除循环系统沉积的砂子和钻屑，同时在钻进过程中要注意防塌、防漏、防喷、防卡及钻井液的化学污染。

(3) 进入高压油、气、水层前使密度达到设计要求。

(4) 深井起下钻时间长，检修设备多，要认真灌好钻井液。

4. 完钻完井阶段

这是钻一口井的重要阶段。本阶段工作包括完钻、电测、井壁取心、通井、下套管、固井、装井口等。此阶段的特点是进行特殊作业，不再进行钻井。钻井液不能由地层造浆而得到补充，也不可能有充足的黏土颗粒补充和更替。因此，应注意以下几点：

（1）钻井液黏度应适当比钻进时高，约高 5～10 s（马氏漏斗黏度计）。钻井液应在最后一只钻头钻进时进行处理，并要适当循环钻井液，以保证井筒清洁和畅通。

（2）造成电测遇阻的因素很多，如井筒是否清洁、滤饼的厚薄、电测时电缆下放是否正确、是否有电缆划出键槽等。因此电测遇阻后应科学地分析原因，采取相应的措施，不可盲目处理钻井液，致使钻井液性能大幅度变化。

（3）下套管前通井和下套管后循环，一般情况下不用处理剂处理钻井液，只用水维护钻井液，保持钻井液性能稳定即可。若需要处理时，必须先做小型实验，然后再进行处理。处理后的钻井液，性能不但要符合设计要求，并且滤饼的润滑性和钻井液的流变性必须良好，以确保固井过程顺利进行。

三、钻井液污染现象及处理办法

1. 黏土侵

（1）现象：钻井液发生黏土侵后，钻井液的密度、黏度、切力剧增，流动性变差，甚至失去流动性；滤失量略有下降，滤饼厚且松散，含砂量上升很快。

（2）处理方法：①对于非加重钻井液应用大量清水在循环过程中整周加入，使密度降到 1.15，再加入稀释剂和降滤失剂进行处理，同时加入聚合物抑制黏土的水化分散；②对于加重钻井液应先用与钻井液组分相同的稀钻井液进行稀释处理，使黏土含量达到要求后再加重，调整钻井液密度达到设计范围，再用聚合物进行处理；③充分利用固相控制设备清除钻井液中的无用固相；④加强钻井液的维护，确保钻井液性能稳定和井下安全。

2. 盐水侵

（1）现象：盐水侵时，一般可使钻井液密度稍增，Cl^- 含量剧增，失水量增加很快。若盐水中含盐量不高，而侵入钻井液中盐水的量很大时，钻井液的黏度、切力明显下降；当盐水中含盐量较高时，钻井液黏度、切力升高，流动性变差。

（2）处理方法：①钻遇盐水层时，应提高钻井液密度，尽可能压死盐水层；②在提高钻井液密度的同时，配合其他处理剂处理盐水侵，必要时将淡水钻井液换成盐水钻井液；③钻井液变稠时，使用高碱比的稀释剂进行处理，同时加入降滤失剂，降低钻井液的滤失量，并加入重晶石粉加重；④钻井液变稀时，应设法提高钻井液的黏度，如加入纯碱、膨润土和 CMC 等，保持钻井液有足够的切力，同时加重压死盐水层；⑤盐水侵入钻井液很多，黏度低于 31 s（马氏漏斗黏度计）时，应立即关井求压，配重钻井液压井（重钻井液的液柱压力应比盐水层压力大 3～4 MPa）。

3. 盐岩侵

（1）现象：盐岩侵时，钻井液的滤失量剧增，滤饼增厚，Cl^- 含量剧增，黏度、切力随钻井液中含盐量的增加先增大而后变小，pH 值下降。

（2）处理方法：①适当提高钻井液的密度，以克服盐岩的塑性变形；②增加钻井液中聚合物的含量，保持钻井液的稳定性；③增加抗盐处理剂的含量；④加大抗盐降滤失剂的用量；⑤配制饱和盐水钻井液；⑥及时补充烧碱水，使钻井液的 pH 值保持在 8～10 之间。

4. 钙侵

钻遇不同的钙层产生不同的钙侵，为此可将钙侵分为：石膏侵、芒硝侵和水泥侵。

（1）石膏侵

1）现象：钻遇石膏侵时，钻井液黏度、切力、钙离子含量和硫酸根离子含量急剧上升，滤失量增大，滤饼变厚，钻井液的 pH 值下降。

2）处理方法：①在测定钻井液钙离子含量后，向钻井液中加入含量为钙离子浓度50%的纯碱，并配合高碱比稀释剂，使钻井液的pH值控制在12以上。若钻井液的滤失量大，还要加入降滤失剂降滤失，同时加入聚合物，以提高钻井液的稳定性。②对于大段的石膏岩层，应将钻井液转化为钙处理钻井液，向钻井液中加入0.3%～0.5%的石灰水，配合烧碱、稀释剂、降滤失剂、聚合物进行维护，保持钻井液良好的流变性。

（2）芒硝侵

1）现象：钻遇芒硝侵时，钻井液黏度、切力急剧增加，滤失量增大，滤饼变厚，钻井液中钠离子和硫酸根离子含量上升，钻井液的pH值下降。

2）处理方法：用高碱比的稀释剂进行处理，再配合降滤失剂和聚合物，在降低钻井液滤失量的同时保持钻井液具有良好的稳定性。

（3）水泥侵

1）现象：钻遇水泥侵时，钻井液黏度、切力急剧上升，滤失量增大，滤饼变厚，钻井液中钙离子含量、pH值均上升。

2）处理方法：①钻遇小段水泥层造成的水泥侵时，直接向钻井液中加入稀释剂和少量的纯碱处理即可；必要时加入适量的降滤失剂；②钻遇大段水泥层造成的水泥侵时，先测定钙离子的含量，再向钻井液中加入钙离子浓度50%的纯碱，同时配合稀释剂处理；必要时加入适量的降滤失剂。

5. 岩屑侵

在硬脆性泥页岩或胶结性差的砂岩中钻进时，若钻井液黏度、切力过高，又没有进行固相控制时会产生岩屑侵。

1）现象：岩屑侵时，大量的岩屑和砂子沉淀困难而进入钻井液，使钻井液密度、黏度、切力升高，滤饼厚且松，失水增大，含砂量及固相含量上升，钻速下降，钻头、钻具、钻井液泵及配件等磨损严重。

2）处理方法：主要是降低钻井液的黏度、切力，同时使用机械方法进行钻井液的固相控制，清除钻井液中的钻屑和砂子。

6. 油气侵

1）现象：油气侵时，钻井液性能变化主要是密度明显下降，黏度、切力升高。

2）处理方法：①进行加重处理，同时进行捞油降气；②侵污严重，黏度、切力过高时，在加重处理的同时对钻井液进行稀释处理，便于排油除气；③必要时加入适当的表面活性剂。

7. CO_3^{2-} 和 HCO_3^- 污染

1）现象：钻井液受 CO_3^{2-} 和 HCO_3^- 污染后，黏度急剧升高，滤饼厚且虚，滤失量、动切力、稠度系数未明原因地增大；钻井液中有大量气泡且无特殊气味，颜色发暗。

2）处理方法：钻井液受 CO_3^{2-} 和 HCO_3^- 污染后，很难用加入处理剂的方法进行处理，因此只能用化学方法将 CO_3^{2-} 和 HCO_3^- 清除。通常向钻井液中加入适量的石灰水或石膏即可。

第五节 钻井液有关计算

一、钻井液总量计算

1. 井眼容量计算

理论公式：

$$V=\frac{\pi D^2 H}{4}$$

式中，V 为井眼体积，m^3；D 为井眼直径，m；H 为井深，m。

经验公式：

$$V=\frac{D^2 H}{2000}$$

式中，V 为井眼体积，m^3；H 为井深，m；D 为井眼直径，in（计算时可把钻头直径的零数化为整数计算）。

2. 钻井液池容量计算

（1）长方形钻井液池的容量计算：V=长×宽×高

（2）四棱台形钻井液池容量计算：

理论公式：

$$V=\frac{H\left(A1\cdot A2+A3\cdot A4+\sqrt{A1\cdot A2\cdot A3\cdot A4}\right)}{3}$$

经验公式：

$$V=\frac{(A_1+A_2)(A_3+A_4)H}{4}$$

式中，A_1、A_2、A_3、A_4 分别是上底长、下底长、上底宽和下底宽，m；V 为钻井液池体积，m^3；H 为高度，m。

3．钻井液罐容量计算

钻井液罐一般为圆柱体，计算公式为：

$$V=\frac{\pi D^2 H}{4}$$

式中，V 为钻井液罐容量，m^3；D 为钻井液罐直径，m；H 为钻井液罐高度，m。

4．钻井液总量计算

钻井液总量＝井内钻井液量＋钻井液池的量＋钻井液罐储备量＋地面管汇内钻井液量＋合理损耗量

二、钻井液配制计算

1．配制定量定密度钻井液所需黏土量的计算

$$m_{土}=\frac{V_{泥}\cdot\rho_{土}(\rho_{泥}-\rho_{土})}{\rho_{土}-\rho_{水}}$$

式中 $m_{土}$ ——黏土用量，t；

$V_{泥}$ ——需要配制的钻井液体积，m^3；

$\rho_{泥}$ ——欲配制的钻井液密度，g/cm^3；

$\rho_{土}$ ——黏土的密度，g/cm^3；

$\rho_{水}$ ——配浆水的密度（淡水一般按 1.00，海水一般按 1.03 计算），g/cm^3。

2. 配制定量定密度钻井液所需水量的计算

配制钻井液所需水的体积计算公式：

$$V=V_{泥}-\frac{m_{土}}{\rho_{土}}$$

三、常用处理剂配制计算

1. 单一溶质溶液计算

$$配液浓度=\frac{溶质质量}{配液体积}$$

注：式中溶质质量的单位是 g、kg、t；配液体积的单位是 mL、L、m^3；计算时要注意使溶质质量的单位与配液体积的单位相互对应。

2. 两种溶质溶液计算

$$配液浓度=\frac{两种溶质质量之和}{配液体积}$$

3. 多溶质溶液计算

多溶质液体处理剂用一连串的比例数字表示其中各种固体处理剂的质量和液体处理剂的体积的比例。如烧碱液（NaOH）15∶1∶100 表示，褐煤（质量）∶烧碱（质量）∶煤碱液（体积）＝15∶1∶100。其中质量以 g、kg、t 为单位；而体积要以相应的 mL、L、m^3 为单位。

四、钻井液中处理剂加量的计算

钻井液中加入处理剂的数量用液体处理剂的体积或固体处理剂的质量占钻井液总体积的百分数来表示。计算公式为：

$$处理剂的加量（\%）=\frac{液体处理剂体积或固体处理剂质量}{钻井液体积}\times100\%$$

在计算时要注意体积单位和质量单位相对应（mL—g、L—kg、m^3—t）。

五、钻井液在环形空间中上返速度的计算

$$v_{返}=\frac{12.74Q}{D^2-d^2}$$

式中$v_{返}$——钻井液在环形空间中的上返速度，m/s；

Q——钻井液泵的实际排量，L/s；

D——井眼直径，cm；

d——钻具外径，cm。

六、钻井液循环周时间的计算

钻井液循环周的计算有两种方法：

1. 计算法

$$T=\frac{V}{60Q}$$

式中T——钻井液循环一周所用的时间，min；

V——参加循环的钻井液总体积，L；

Q——钻井液泵排量，L/s。

2. 实测法

$$T=T_{气}+T_{地}=T_{气}+\frac{V_{地}}{60Q}$$

式中T——钻井液循环一周所需的时间，min；

$T_{地}$——钻井液在地面循环所用的时间，min；

$T_{气}$——气测人员用塑料纸片从井口投入至其返到振动筛所需的时间，min；

$V_{地}$——参加地面循环的钻井液体积，L；

Q——钻井液泵排量，L/s。

七、油气上窜速度的计算

$$v=\frac{H_1-\frac{QT_1}{V_C}}{T_2}$$

式中v——油气上窜速度，m/h；

H_1——油气层深度，m；

Q——钻井液泵排量，L/min；

V_C——钻具外每米环空的容积，L/m；

T_1——开泵循环至见到油气显示的时间，min；

T_2——静止时间，即上次起钻静止到本次下完钻井泵的时间，h。

八、加重剂用量计算

$$G=\frac{V\cdot\rho_1\ (\rho_2-\rho_0)}{\rho_1-\rho_2}$$

式中G——所需重晶石的质量，kg；

V——钻井液原体积，m^3；

ρ_0——原钻井液的密度，kg/m^3；

ρ_1——重晶石的密度，kg/m^3；

ρ_2——加重后钻井液的密度，kg/m^3。

九、环空容积计算

$$V=\frac{\pi}{4}\ (D^2-d^2)$$

式中V——环空容积，m^3；

D——井径，m；

d——钻具外径，m。

十、钻具替排量计算

$$V=\frac{m}{\rho}$$

式中V——每米钻具替排量，L/m；

m——每米钻具质量，kg/m；

ρ——钻具密度，kg/L。

第四章　钻井技术

第一节　防斜钻直井技术

按照设计轨道的不同，井眼可以分为两大类：直井和定向井。对于直井来说，设计轨道是一条铅垂线，不需要进行特殊的设计。但实际上直井的轨迹控制难度很大，甚至比定向井的轨迹控制难度还大。

一般来说，实钻轨迹总是要偏离设计轨道的。所以实钻的直井总是会发生井斜的。要想控制直井井眼绝对不斜是不可能的，问题在于能否把井斜的度数或井眼的曲率控制在一定范围内。

一、井斜概述

（一）井斜基本概念

井斜是指井眼轴线偏离了铅垂线。

井斜标准是指对直井井眼轴线偏斜程度的规定，井斜标准随不同地区的钻井条件和钻井技术水平的发展而有所不同。实际工作中要参照评定直井井身质量的项目、全角变化率允许标准、井底水平位移允许标准等与井斜要求相关的标准规定执行，确保钻井工作质量符合标准要求。

绝对垂直的井是不存在的，事实上井眼轴线是一条在井斜标准范围内的不规则的扭曲的空间曲线。其弯曲形状可用它在水平面及垂直平面上的投影来表示，通常用下列参数来衡量：

（1）井斜角：沿井眼轴线上某一点的切线与铅垂线之间的夹角，称为该点的井斜角。

(2) 方位角：在井身水平投影图上经过某点作一条正北方向线，再作一条向井底方向延伸的切线，从正北方向顺时针旋转至该切线的夹角，即为该点的方位角。

(3) 井底水平位移：井口与井底两点在水平投影面上的直线距离，称为井底水平位移。

(4) 水平位移：井身上某点至井口铅垂线的距离，即在水平投影图上该点至井口的直线长度，称为水平位移。

(5) 井斜变化率：单位长度井段（30 m 或 100 m）井斜角的变化值，称为井斜变化率。

(6) 方位变化率：单位长度井段方位角的变化值，称为方位变化率。

(7) 全变化角：井眼轴线上相邻两测点间井斜与方位的空间角度变化值，称为全变化角，有时也叫“狗腿”角。

(8) 井眼曲率：过井眼轴线相邻两测点所作的向井底方向延伸的切线之间的夹角与两测点间井段长度的比值称为井眼曲率。

（二）井斜危害

井斜的危害主要包括井斜角和井斜方位角在内的空间发生变化产生的“狗腿”危害，在短距离内井斜突然变化产生的严重的“狗腿”危害更是不容忽视，特别是在钻深井时。

1. 对勘探工作的影响

井斜大了就会造成井深误差，使地质资料不真实，导致地质工作得出错误结论而漏掉油气层，对小油田显得更为突出。井斜过大还会使井眼偏离设计方位，打乱油气田的开发布井方案，使采收率降低。

2. 对钻井工作的影响

如果井斜过大，钻柱在“狗腿”井段旋转时要产生很大的弯曲交变应力，而使钻具疲劳破坏；在“狗腿”井段容易拉出键槽导致起下钻困难甚至卡钻；严重的“狗腿”度有可能妨碍测井作业和下套管，并因环空水泥封固不匀而影响固井质量。

3. 对采油工艺的影响

井斜过大就会影响井下的分层开采及注水工作，如下封隔器困难以及封隔器密封不好等。对于抽油井常会引起油管和抽油杆的磨损与折断，甚至会造成严重的井下事故。

（三）井斜原因

井斜的原因是多方面的，如地质条件、钻具结构、钻进技术措施以及设备安装质量等。但归纳起来，造成井斜的原因主要有两个方面：第一是钻头与岩石的相互作用方面的原因，即由于所钻地层的倾斜和非均质性使钻头受力不平衡而造成井斜；第二是钻柱力学方面的原因，即下部钻具受压发生弯曲变形使钻头偏斜并加剧钻头受力不平衡而造成井斜。

1. 地质因素

有许多理论来解释地质因素导致井斜的原因，其中，最本质的是地层可钻性的不均匀性和地层的倾斜两个因素。这种地层可钻性的不均匀性表现在许多方面，再与地层倾斜相结合，导致井眼倾斜。

（1）地层可钻性的纵向变化。地层在沉积过程中，由于沉积环境的不同和变化，形成了沿垂直于地层层面方向可钻性的变化，俗称“软硬交错”。这里的“纵向变化”是指沿钻头轴线方向遇到这种“软硬交错”。如图 4-1 所示，由于地层倾斜，钻头底面上，遇到“软”地层的一侧容易钻，该侧的钻速高；而另一侧遇到“硬”地层则钻速低，于是井眼轴线偏离，发生井斜。

（2）地层可钻性的横向变化。地层可钻性不仅沿垂直于地层层面方向有变化，而且在平行于地层方向也有变化。这里的“横向变化”是指垂直于钻头轴线方向上可钻性的变化。如图 4-2 所示，在钻头的一侧下面钻遇溶洞或较疏松的地层，而另一侧钻遇较致密的地层，于是钻头前进方向发生偏离。

（3）地层可钻性的各向异性。即地层可钻性在不同方向的不均匀性。沉积岩都有这样的特性：垂直层面方向的可钻性高，平行层面方向的可钻性低。钻头总有向着容易钻进的方向前进的趋势。在地层倾斜的情况下，当地层倾角小于45°时，钻头前进方向偏向垂直地层面的方向，于是偏离铅垂线。在地层倾角超过60°以后，钻头前进方向则是沿着平行地层面方向下滑，也要偏离铅垂线。当地层倾角在45°～60°之间，井斜方向属不稳定状态。

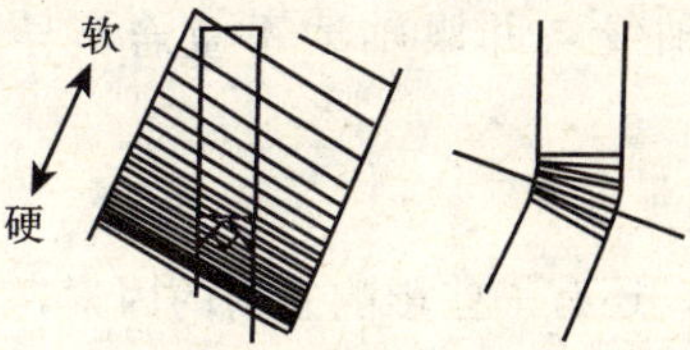

图 4-1 地层可钻性纵向变化引起井斜

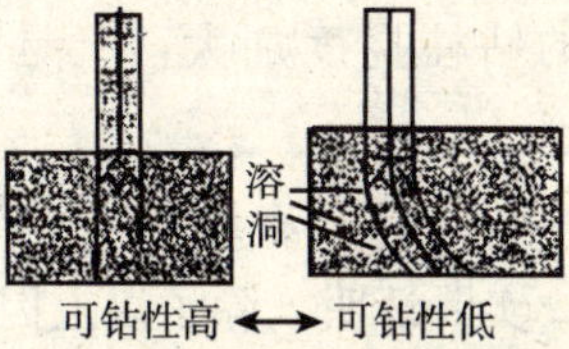

图 4-2 地层可钻性横向变化引起井斜

地层可钻性的各种不均匀和地层倾斜引起井斜的机理，最终体现在钻头对井底的不对称切削，使钻头轴线相对于井眼轴线发生倾斜，从而使新钻的井眼偏离原井眼。

2. 钻具原因

(1) 导致钻具倾斜和弯曲的原因

①由于钻具直径小于井眼直径，钻具和井眼之间有一定的间隙，所以钻具在井眼内活动余地很大，这就给钻具的倾斜和弯曲创造了空间条件。

②由于钻压的作用，下部钻具受压后必将靠向井壁一侧而倾斜。当压力超过一定值后，钻柱将发生弯曲，弯曲钻柱将使靠近钻头的钻具倾斜更大。

(2) 钻具弯曲引起井斜的原因

钻具导致井斜的主要因素是钻具的倾斜和弯曲。影响最大的是靠近钻头的那部分钻具。其弯曲程度越严重，井斜也越严重。钻具的倾斜和弯曲对井斜的影响表现在两个方面：①下部钻具弯曲引起钻头倾斜，在井底形成不对称切削，新钻的井眼将不断地偏离原井眼方向，直接导致井斜。②下部钻具弯曲使钻压改变了作用方向，钻头受到侧向力的作用，迫使钻头进行侧向切削，这样也将使新钻的井眼不断地偏离原井眼方向。

3. 井眼扩大

除上述地质和钻具原因外，井眼扩大也是井斜的重要原因。井眼扩大后，钻头可在井内左右移动，靠向一侧，也可使受压弯曲的钻柱挠度加大，于是钻头轴线与井眼轴线不重合，导致井斜。

4. 其他因素

实践证明，除了以上因素外，还有一些影响井斜的因素，如设备安装质量不好、钻井操作水平不高及防斜措施不当等，也会使井钻斜。例如在安装时天车、转盘和井口不在同一铅垂线上，或者转盘安装不平，便会使井一开始就钻斜；如果方钻杆弯曲和钻铤弯曲超过标准、接头丝扣歪斜等，也会使井钻斜；特别是在易斜井段钻进时，防斜措施不当或钻压过高、钻进时送钻不均匀又未能及时测量井斜调整钻井参数等，都有可能使井钻斜。

二、井斜控制

（一）井斜控制的要求

1. 全角变化率

井斜全角变化率（或称“狗腿”严重度）是指一定长度井段内（一般取 25 m 或 100 m）包括井斜角和方位角的空间井斜的变化量。井斜全角变化率不仅与井斜角的变化和方位角的变化有关，也与井斜角的大小有直接关系。当井斜角较小时，方位变化对全角变化率的影响较小；当井斜角较大时，相同方位变化的全角变化率明显增加。因此，在井斜角较大时，应特别注意方位的控制。在地质因素作用下井斜方位易发生变化的井段，为了控制全角变化率不致过大，应保持较小的井斜角。

2. 最大井斜角

最大井斜角因受最大全角变化率和井底水平位移的限制，所以在钻井设计中根据具体情况规定。

（二）井斜的控制

在易发生井斜地区钻直井时，根据地质设计要求适当控制分井段的最大井斜角也是必要的，以保证井底位置处于设计规定的目标范围之内。一般情况下，上部井段的井斜角应控制得较小，随着井深增加，只要井底水平位移不超过规定范围，井斜角可适当放大。在存在井斜问题的地区钻直井，应采用综合性的防斜工艺技术措施，才能收到预期的效果，尤其是在井斜严重的地区。

1. 充分了解和掌握地层特性

因为地层因素是影响井斜的主要因素，所以充分了解和掌握所钻地区和钻井的地层特性是非常重要的。在设计钻井工程时，应充分了解各个地层倾角大小和岩性状况。在有条件的情况下，要根据地层倾角和各向异性指数值把各个层段的综合造斜指数 K 值计算出来以定量地掌握各个层段造斜能力的大小，这是制定合理的防斜工艺措施的基础。

对于地层的稳定性也应给予足够的重视，它是选择钻具组合类型时应当考虑的因素。

2. 合理的井斜控制计划

在钻井设计中，应根据地层特性和地质设计对井斜的要求等，作出分井段的井斜控制设计。它包括分井段的允许最大全角变化率和最大井斜角。要在满足井斜控制标准要求的前提下，一方面力求井斜趋势稳定，避免井斜加剧和频繁的增减变化；另一方面要尽力满足解放钻压的要求，以利于提高钻速。在开始的井段保持较小的井斜角是必需的（如井深 100 m 以上，井斜不超过 1°），其后应允许井斜角逐渐上升，只要井底的水平位移不超过规定范围即可。

3. 采用合理的下部钻具组合

钻直井两种基本的下部钻具组合是满眼钻具和钟摆钻具。塔式钻具是钻表层时常用的一种下部钻具组合。但是，一旦井眼发生偏斜，这种钻具就成为最简单的钟摆钻具，即光钻铤钟摆钻具。选择下部钻具组合方式的主要依据是地层特性和井斜控制的具体要求。

（三）控制井斜的钻具组合

1. 光钻铤钟摆钻具

光钻铤钟摆钻具的最下面1～2柱钻铤，在保证安全的情况下应尽量采用大外径厚壁钻铤，这不仅可以增大钟摆力，还可减小钻铤的挠度，有利于钻头工作稳定。

2. 单扶正器钟摆钻具

扶正器的安放位置应在保证扶正器以下的钻铤在纵横弯曲载荷作用下发生弯曲的最大挠度处不与井壁接触的前提下，尽可能的高些，以获得最大的钟摆减斜力。这种钟摆钻具组合的抗斜效果一般都优于无扶正器钟摆钻具组合。

3. 多扶正器钟摆钻具

为了增加下部钻柱的刚性及提高抗黏卡能力，可以采用多扶正器钟摆钻具组合，即在单扶正器钟摆组合的支点扶正器之上，间隔一定长度（一般是一根钻铤单根）安放一只或多只扶正器。

4. 钟摆钻具防斜原理

它是利用斜井内切点以下钻铤重量的横向分力把钻头推向下井壁，以达到逐渐减小井斜的效果。这个横向分力的作用犹如“钟摆”一样，所以称为钟摆力。钻头在钟摆力作用下，靠向并切削下侧井壁，从而起到减小井斜角的作用。在斜井眼中单一尺寸或复合钻铤柱就是最简单的钟摆钻具，在钻头之上合理位置安装一个扶正器做支点的钟摆钻具有更大的降斜作用。

5. 钟摆钻具组合的使用要求

(1) 钟摆钻具组合的钟摆力随井斜角的大小而变化。井斜角大则钟摆力大，井斜角等于零，则钟摆力也等于零。所以，钟摆钻具主要用于纠斜和降斜，在直井内无防斜作用，不能像满眼钻具那样有效地控制井斜变化率。在地层倾角很大的严重易发生井斜地层，在增加压力以提高钻速的情况下，增斜力往往大于减斜力，因此不得不使用小钻压钻进，从而使钻速显著降低。

（2）钟摆钻具组合的性能对钻压特别敏感。钻压加大，则增斜力增大，钟摆力减小。钻压再增大，还会将扶正器以下的钻柱压弯，甚至出现新的接触点，从而完全失去钟摆组合的作用。为充分发挥钟摆钻具的作用，应根据实际情况尽可能采用大尺寸钻铤加扶正器，这样形成的钟摆长而重，减斜效果好。在钟摆钻具结构确定后，减斜效果主要受钻压大小的制约，钻压越大钻头上的造斜力越大，相应的减斜力变小；钻压过大还会在扶正器下面形成新切点而使之失效。所以钟摆钻具组合在使用中必须严格控制钻压。为此，要求井场应配备好不同长度的钻铤短节、灵敏可靠的指重表，并随时测斜、检验井身质量。

（3）在井尚未斜或井斜角很小时，要想继续钻进而保持不斜，只能减小钻压进行吊打。由于吊打钻速慢，所以这时多使用满眼钻具组合，仅在对轨迹要求特别严的直井（段）中，才使用钟摆钻具组合进行吊打。钟摆钻具能比较成功地用于地层造斜力不太大的地层，在使用大钻铤的条件下，能保证在较高钻压下钻出高质量的井眼（井斜角不大于 2°～3°）。与光钻铤相比，使用钟摆钻具可以提高钻压而不会造成井斜增大。一般在可用重压钻进的平缓地层，钻压可提高 50%；在只能用轻压钻进的易斜地层，钻压可提高 20%，从而相应地提高了机械钻速。

（4）扶正器与井眼间的间隙对钟摆钻具组合性能的影响特别明显。当扶正器直径因磨损而减小时应及时更换或修复。

（5）保证钻井液性能良好，排量稳定，以免出现钻头泥包现象。实践证明，钟摆效果与钻头工作是否稳定有密切的联系，当地层岩性变化或钻井液性能不好，钻头运转不正常时，减斜效果往往较差。

三、井斜处理

在钻井过程中，一旦发生井斜，就要及时采取措施，明确发生井斜的原因，采用合适的钻具，有效地控制井斜。

（一）井斜未超过标准

在一般情况下，井已打斜，但尚未达到规定最大允许值时，可以吊打纠斜，井斜质量如有好转，可正常组织钻进，也可换钟摆钻具组合进行纠斜，当井斜纠正后，则再换满眼钻具或塔式钻具，恢复正常钻进。或采用动力钻具（直螺杆）＋弯接头（或单弯螺杆）降斜。

（二）井斜超过标准

当井斜超过规定最大允许值或因井下事故、复杂情况难以处理或处理下去经济损失更大时，可采用填井侧钻的办法处理。

1. 侧钻位置的选择

填井前，进行井斜、井径和标准测井，查明井斜角、方位角、井径变化的油层位置，然后选择井斜角和方位角变化较大、地层较松软、井径比较规则的井段侧钻。注意已打开的油气层井段必须水泥封堵。

2. 打水泥塞

（1）水泥塞长度一般为 100～150 m。在打水泥塞前化验水型，做水泥浆稠化实验和钻井液污染实验，防止将钻具固于井内。

（2）光钻杆下到预计水泥塞底部深度，不准使用加重钻杆。

（3）循环钻井液，提高 pH 值，以防止水泥污染。

（4）采用双车注水泥，水泥浆密度不低于 1.80 g/m^3。

（5）打完水泥顶替水泥浆，达到钻杆内水泥液面略高于钻杆外水泥浆液面。

（6）顶替完，立即起钻至计算水泥塞面以上 20～30 m 处接方钻杆开泵循环，放掉返出的水泥浆，同时要防止水泥流入循环罐。

(7) 起钻候凝不少于48 h，24 h后下钻探水泥面，循环处理钻井液。

3. 侧钻方法

(1) 吊打侧钻，用于纠斜作业

1) 钻头选择：适用牙轮钻头。

2) 钻具结构：钻头 + 钻铤两柱 + 钻杆。

3) 侧钻要求：①钻头下至侧钻点，钻掉泥浆段，钻头定点空转半小时，转速70～120 r/min，中等排量造台肩。②空转后采用控时钻进，坚持吊打，送钻均匀。③捞砂分析：水泥块消失后，继续吊打，30 m测斜一次。证实出新井眼，新老井眼夹壁墙超过0.5 m可起钻换正常钻具结构恢复钻进。

4) 吊打侧钻注意事项：

①必须做到控时，吊打造出新台肩。②侧钻中每2～3 m捞砂分析一次。③侧钻钻头水眼适当加大。

(2) 动力钻具侧钻

1) 上部地层使用钢齿牙轮钻头，下部硬地层可选用PDC钻头。

2) 钻具结构：钻头 + 动力钻具 + 弯接头 + 钻铤（无磁）1根 + 钻铤1柱 + 钻杆。

3) 动力钻具侧钻要点：①根据原井眼方位、井斜情况选择侧钻位置；②侧钻井段选在稳定易钻地层，利用原井眼井径由大变小或井斜变化处；③侧钻采用变方位降斜方法，减少复杂情况；④根据返出岩屑含水泥量判断新井眼是否形成，若已形成再打1～2个单根起钻换钻具；⑤新井眼吊测，根据测量情况，确定下一步钻进措施；⑥正常钻进后，应避免在侧钻位置开泵循环和划眼，以防止夹壁墙垮塌。

第二节　定向钻井技术

定向钻井是为了适应勘探和开发油气田过程中某种特殊的要求而发展起来的一种钻井技术。它是借助于某种造斜工具，在一定的工艺技术措施配合下，使井眼沿着预先设计的井眼轨迹钻达目的层的钻井方法。

一、定向钻井概述

（一）定向井应用领域

定向钻井使用范围可以归结为地面限制、地下要求和钻井技术需要三个方面。

1. 地面环境条件的限制

当地面上是高山、海洋、森林、湖泊或重要建筑物等，难以安装钻机进行钻井作业或者安装钻机和钻井作业费用很高时，为勘探和开发其下的油气田，往往需要定向钻井。

2. 地下地质条件要求

对于断层遮挡油气藏，定向井比直井更能发现和钻穿更多的油层；对于薄油层，定向井和水平井比直井的油层裸露面积要大得多。另外，侧钻井、多底井、分支井、大位移井、侧钻水平井、径向水平井等定向井的新类型，显著扩大了勘探效果，增加了原油产量，提高了油藏采收率。

3. 钻井技术的需要

在遇到井下事故无法处理或者不易处理时，常进行定向钻井。如发生井下落物或断钻具事故最终无法捞出时，可从上部井段侧钻打定向井；特别是遇到井喷着火常规方法难以处理时，在事故井附近打定向井（称做救援井），与事故井贯通，进行引流或压井，从而可处理井喷着火事故。此外，地层倾角太大，在建井周期或钻井成本方面，如果定向井优于直井，也需要钻定向井。

（二）定向井的基本概念

井眼轨迹实指井眼轴线。大多数情况下将井眼设计成平面曲线，但实际上一口实钻井的井眼轴线是一条空间曲线。为了描绘这条曲线上任一点在空间的位置，即为了进行轨迹控制，了解这条空间曲线的形状，就要进行轨迹测量，这就是“测斜”，从而取得井深、井斜角和方位角三项数据，并计算绘制出实际井眼轴线形状。将井深、井斜角、方位角这三项数据称为定向井的三要素，这三个参数也是井眼轨迹的基本参数。通过对以上三项数据的处理还可以得到定向井的三个重要指标，即井底水平位移（也称闭合距）、井底方位角（也称闭合方位角）和井眼曲率。

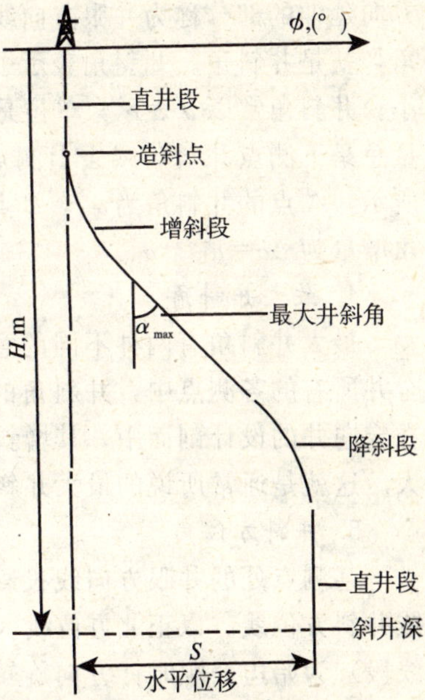

图 4-3 定向井示意图

1. 定向井

一口井的设计目标点，按照人为的需要，在一个既定的方向上与井口垂线偏离一定距离的井，称为定向井。图 4-3 为定向井示意图。

2. 井深

指井口（通常以转盘面为基准）至测点的井眼长度，称为该点的井深，也称为该点的测量井深或斜深。

井深以钻柱或电缆的长度来测量，常以 H 表示，单位为米（m）。井深的增量称为井段，以 ΔH 表示。二测点间的井段称为测段。一个测段的两个测点中，井深小的称为上测点，井深大的称为下测点。井深的增量是下测点井深减去上测点井深。

3. 井斜角

过井眼轴线上某测点作井眼轴线的切线，该切线向井眼前进方向延伸的部分称为井眼方向线。井眼方向线与重力线之间的夹角，就是井斜角。井斜角表示了井眼轨迹在该测点处倾斜角的大小。井斜角常以 α 表示，单位是度（°）。一个测段内井斜角的增量总是下测点井斜角减去上测点井斜角，以 $\Delta\alpha$ 表示。如图 4-4 所示，A 点的井斜角为 α_A，B 点的井斜角为 α_B，AB 井段的井斜角增量为 $\Delta\alpha=\alpha_B-\alpha_A$。

4. 最大井斜角

最大井斜角有两种不同的意义。对已钻成的实际井眼来说，全井所有的各测点中，井斜角的最大值称为该点的最大井斜角。在定向井的设计剖面中，其增斜井段的终点处，井斜角值应该最大。这就是通常所说的最大井斜角，单位以度（°）表示。

5. 井斜方位角

某测点处的井眼方向线投影到水平面上，称为井眼方位线，或井斜方位线。以正北方位线（指地理子午线沿正北方向延伸的线段）为始边，顺时针方向旋转到井眼方位线上所转过的角度，即井斜方位角。井斜方位角以 ϕ 表示，单位为度（°）。井斜方位角的增量是下测点的井斜方位角减去上测点的井斜方位角，以 $\Delta\phi$ 表示，如图 4-5 所示，A 点井斜方位角为 ϕ_A，B 点井斜方位角为 ϕ_B，AB 井段的井斜方位角增量为 $\Delta\phi=\phi_B-\phi_A$。井斜方位角的值可在0°～360°范围内变化。

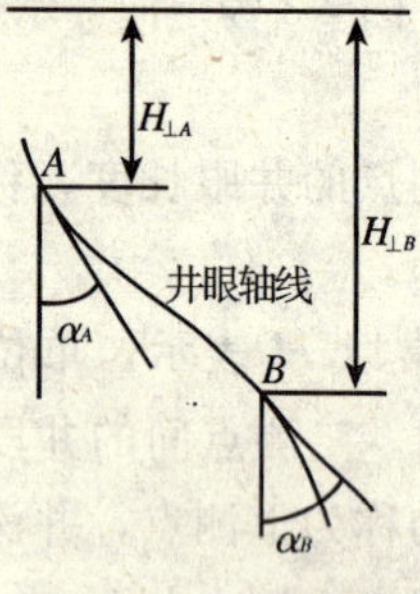

图 4-4　井斜角示意图

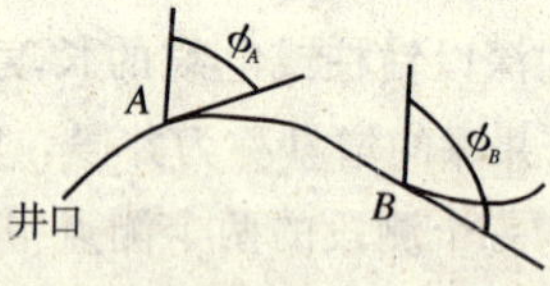

图 4-5　井斜方位角示意图

需要注意的是，目前广泛使用的磁性测斜仪是以地球磁北方向为基准的，磁北方位与正北方位并不重合而是有个夹角，称为磁偏角。磁偏角又分为东磁偏角和西磁偏角。

在某一地区内，其磁北极方位线与地理北极方位线之间的夹角，称为该地区的磁偏角。磁偏角的计量方法是以地理北极方向线为始边，以磁北极方向线为终边，顺时针为正值，逆时针为负值，转过的角度值即为磁偏角的数值。磁偏角的正值为东磁偏角，负值为西磁偏角。

用磁性测斜仪测得的井斜方位角称为磁方位角，并不是真方位角，需要经过换算求得真方位角。这种换算称为磁偏角校正。

换算方法为：真方位角＝磁方位角＋东磁偏角 或 真方位角＝磁方位角－西磁偏角。

井斜方位角还有另一种表示方式，称为象限角，如图 4-6 所示。它是指井斜方位线与正北方位线或正南方位线之间的夹角。象限角在 0°～90°之间变化。书写时需注明所在的象限，如 N67.5°W。

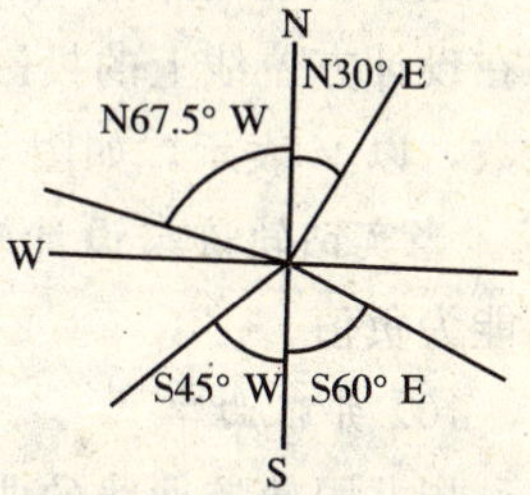

图 4-6 象限角示意图

6. 垂直深度

简称垂深，是指轨迹上某点至井口所在水平面的距离。垂深的增量称垂增。垂深常以 $H_{\perp}$ 表示，垂增以 $\Delta H_{\perp}$ 表示。如图 4-4所示，A、B 两点的垂深分别为 $H_{\perp A}$、$H_{\perp B}$，AB 井段的垂增 $\Delta H_{\perp}=H_{\perp B}-H_{\perp A}$，单位为米（m）。

7. 水平位移

简称平移，指井眼轨迹上某点至井口所在铅垂线的距离，或指轨迹上某点至井口的距离在水平面上的投影。此投影线称为平移方位线。水平位移常以 S 表示。国外将水平位移称为闭合距，我国油田现场常特指完钻的水平位移为闭合距。

8. 平移方位角

指平移方位线所在的方位角，即以正北方位为始边顺时针转至平移线上所转过的角度，常以 θ 表示。如图 4-7 所示，A、B 两点平移方位角分别为 θ_A、θ_B。在国外平移方位角称做闭合方位角，而我国油田现场常特指完钻时的平移方位角为闭合方位角。

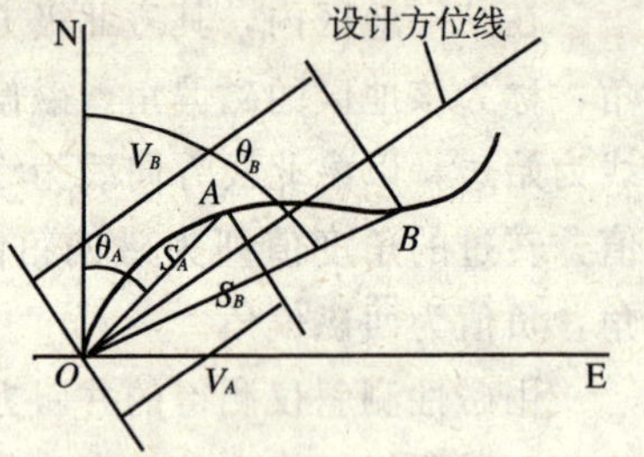

图 4-7 平移示意图

9. 视平移

也称投影位移，是水平位移在设计方位线上的投影长度。视平移是绘制垂直投影图的重要参数，以 V 表示，如图 4-7 所示，A、B 两点视平移分别为 V_A、V_B。当实钻轨迹与设计轨迹偏差很大甚至背道而驰时，视平移可能为负值。

10. 井眼曲率

指井眼轨迹曲线的曲率。由于实钻井眼轨迹是任意的空间曲线，其曲率是不断变化的，所以在工程上常常计算井段的平均曲率。井眼曲率也称做“狗腿严重度”、“全角变化率”。

全角变化率是指在单位井段内井眼前进方向在三维空间内的角度变化。它既包含了井斜角的变化又包含着方位角的变化，其计量单位为度（°）/25m。

全角变化率计算公式为：

$$G_{ab}=\sqrt{\left(\frac{\Delta\alpha_{ab}}{\Delta L_{ab}}\right)^2+\left(\frac{\Delta\phi_{ab}}{\Delta L_{ab}}\right)^2\sin^2\left(\frac{\alpha_a+\alpha_b}{2}\right)}\times 25$$

式中 G_{ab}——测量点 a 和 b 之间井段的全角变化率，（°）/25m；

α_a——井段上端点处井斜角；

α_b——井段下端点处井斜角；

ΔL_{ab}——测量点 a 和 b 间的井段长度，m；

$\Delta\phi_{ab}$——测量点 a 和 b 间的方位变化量（a 和 b 两测量点方位角 ϕ_a 和 ϕ_b 终边的夹角），单位为度（°）。

注：计算中，如果 $\Delta\phi_{ab}$（$\phi_a-\phi_b$）的绝对值大于180°，当 $\phi_a-\phi_b>0$ 时，$\Delta\phi_{ab}=\phi_a-\phi_b-360°$；当 $\phi_a-\phi_b<0$ 时，则 $\Delta\phi_{ab}=\phi_a-\phi_b+360°$。

11. N 坐标和 E 坐标

指轨迹上某点在以井口为原点的水平面坐标系里的坐标值。此水平面坐标有两个坐标轴，一是南北坐标轴，以正北方向为正方向；一是东西坐标轴，以正东方向为正方向。A、B 两点的水平坐标分别为 N_A、E_A 和 N_B、E_B。水平坐标可以有增量，以 ΔN、ΔE 表示，如图 4-8 所示。

12. 水平投影图

相当于机械制图中的俯视图，也相当于将井眼轨迹这条空间曲线投影到井口所在的水平面上，如图 4-9 所示。图中的坐标为 N 坐标和 E 坐标，以井口为坐标原点。所以知道一口井轨迹上所有各点的 N、E 坐标值就可以很容易地画出该井轨迹的水平投影图。

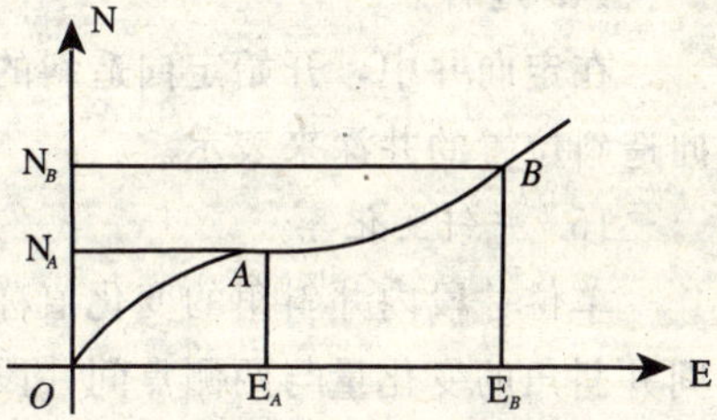

图 4-8　水平面坐标图

13. 垂直剖面图

可以这样来理解垂直剖面图的形式原理，如图 4-10 所示，设想经过井眼轨迹上每一个点作一条铅垂线，所有这些铅垂线就构成了一个曲面。这种曲面在数学上称为柱面。此曲面有一个显著特点，就是可以展平到一个平面上。当此柱面展平时就形成了垂直剖面图。

实际的垂直剖面图并不是按照先作柱面然后展平的办法得到的。垂直剖面图的两个坐标是垂深和水平长度。实际上，只要计

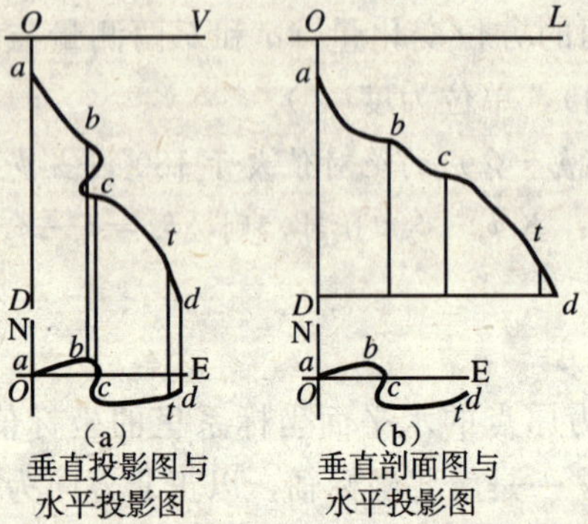

图 4-9　水平投影图与垂直剖面图和垂直投影图的关系

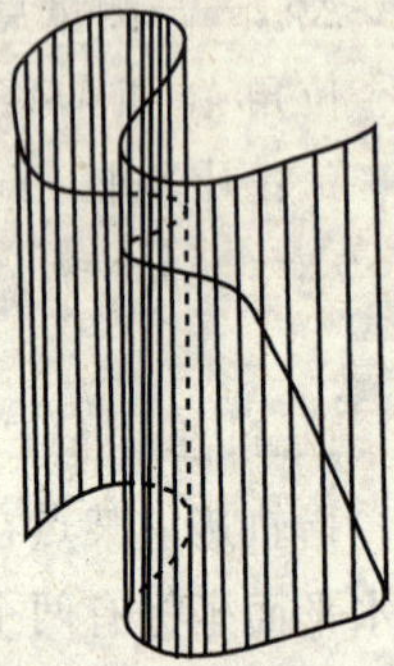

图 4-10　剖面图形式原理

算出一口井轨迹上所有测点的垂深和水平长度就可很容易地画出该井的垂直剖面图。

14. 造斜点

在定向井中，开始定向造斜的位置叫造斜点。通常以开始定向造斜位置的井深来表示。

15. 井斜变化率

单位井段内井斜角的变化值称为井斜变化率。通常以两测点间井斜角的变化量与两测点间井段长度的比值表示。

16. 方位变化率

单位井段内方位角的变化值，称为方位变化率。通常以两测点间方位角的变化量与两测点间井段长度的比值表示。

17. 造斜率

造斜率表示了造斜工具的造斜能力。其值等于用该造斜工具所钻出井段的全角变化率（井眼曲率）。

18. 增斜段

井斜角随井深增加的井段，称为增斜段。

19. 稳斜段

井斜角保持不变的井段，称为稳斜段。

20. 降斜段

井斜角随井深增加而逐渐减小的井段，称为降斜段。

21. 目标点

设计规定的必须钻达的地层位置，称为目标点。通常是以地面井口为坐标原点的空间坐标系的坐标值来表示。

22. 靶区半径

允许实钻井眼轨迹偏离设计目标点的水平距离，称为靶区半径。所谓靶区，就是在目标点所在的水平面上，以目标点为圆心，以靶区半径为半径的一个圆面积；靶区半径的大小，根据勘探开发的需要或钻井目的而定。

23. 靶心距

在靶区平面上，实钻井眼轴线与目标点之间的距离。

24. 工具面

在造斜钻具组合中由弯曲工具的两个轴线所决定的那个平面。

25. 反扭角

使用井底马达带弯接头进行定向造斜或扭方位时，动力钻具启动前的工具面与启动后且加压钻进时的工具面之间的夹角，称为反扭角。反扭角总是使工具面逆时针转动。

26. 高边

定向井的井底是一个呈倾斜状态的圆平面，称为井底圆。井底圆的最高点称为高边。从井底圆心至高边之间的连线所指的方向，称为井底的高边方向。高边方向上的水平投影称为高边方位，即井底方位。

27. 工具面角

工具面角是表示造斜工具下到井底后，工具面所在的位置参数。工具面角有两种表示方法：一种是以高边为基准，一种是以磁北为基准。

高边基准工具面角，简称高边工具角，是指以高边方向线为始边，顺时针转到工具面与井底圆平面的交线上所转过的角度。由于高边方向线在水平面上的投影，即为井底方位线，所以，若以正北方位线为始边，顺时针转到井底方位线上所转过的角度，即为井底方位角。

磁北基准工具面角（简称磁北工具面角），等于高边工具面角加上井底方位角。

28. 定向角

定向角是定向工具面角的简称。在定向造斜时，当启动井底马达之后，工具面所处的位置，用工具面角表示，即为定向工具面角。定向角可用高边工具面角表示，也可用磁北工具面角表示。

定向角与我国现场常用的“装置角”一词，意义和计算方法均相同。

在定向造斜或扭方位之前，根据定向造斜或扭方位的要求，计算出所需的定向角，这是预计的定向角。在实钻井过程中，由于各种因素的影响，实际的定向角与预计的定向角不一定完全相符。在使用随钻测斜仪器的情况下，可以调整工具面，使实钻定向角与预计定向角基本相符。

29. 安置角

安置角是安置工具面角的简称。在定向时，当启动井下动力钻具之前，将工具面安置的位置，以工具面角表示，即为安置工具面角。安置角在数值上等于定向角加反扭角。

30. 二维定向井

设计井眼轴线仅在设计方位线所在的铅垂平面上变化的井。

31. 三维定向井

是指在设计的井身剖面上，既有井斜角的变化又有方位角的变化。三维定向井常用于在地面井口位置与设计目标点之间的铅垂平面内，存在着井眼难以通过的障碍物，设计井需要绕过障碍物钻达目标点，因此又叫三维绕障井。

（三）定向井井身剖面类型

1. 剖面类型

定向井的井身剖面多种多样，如图 4-11 所示，常用的剖面有两种：即三段制“J”剖面和五段制“S”剖面。悬链线剖面、二次抛物线剖面、水平井剖面等国内用得较少。

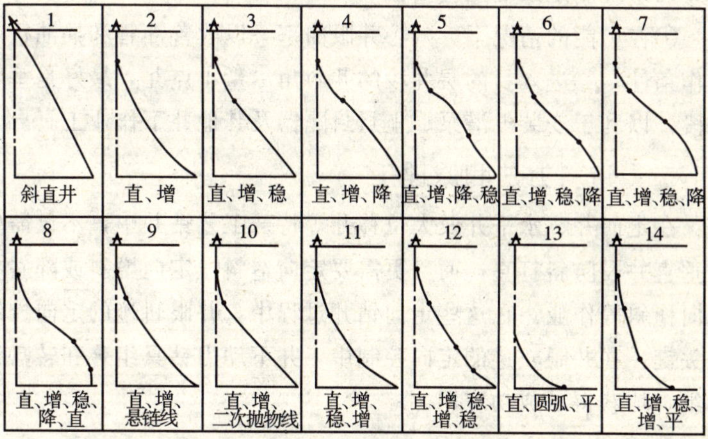

图 4-11　定向井井身剖面

2. 设计原则

（1）应能实现钻定向井的目的

钻定向井的目的是多种多样的，或为了钻穿多套含油层系，扩大勘探成果；或为了延长目标段的长度，增大油层的裸露面积；或为使老井死井复活；或处理井下事故进行侧钻；或受限于地面条件而移动井位；或为节约土地而钻丛式井；或为灭火而钻救援井等。轨道设计首先要考虑实现本井的目的。在实现定向井的前提下，尽可能选择简单的轨道类型。

（2）应有利于安全、优质、快速钻井

①要注意选好造斜点，应选择硬度适中，无坍塌、缩径、高压、易漏等复杂情况的地层开始造斜。②井斜角的选择。按照井

斜角的大小，可将定向井分为三类：井斜角为15°～30°的属小倾斜角定向井，井斜角为30°～60°的属中倾角定向井，井斜角超过60°的属大倾角定向井。在可能的条件下，尽量减小最大井斜角，以便减小钻井的难度。但最大井斜角不得小于15°，否则井斜方位不易稳定。

（3）要满足采油工艺要求

①在可能的情况下，减小井眼曲率，以改善油管和抽油杆的工作条件。②进入目的层井段的井斜角尽量小点儿，最好是垂直井段，以利于安装电潜泵、坐封封隔器及其他井下作业工具。

二、造斜方法和原理

在定向井、水平井及大位移井等特殊工艺钻井中，不仅需要对垂直井段防斜打直，而且更需要定向造斜、定向增斜或降斜及定向稳斜等作业。在这些定向钻井过程中，井眼轨迹的定向控制是关键，在井眼轨迹的定向控制中，井下动力钻具组合和转盘钻具组合均获得了成功应用。

（一）定向专用工具

在定向井和水平井钻井中，广泛采用了导向钻井系统。它包括井下动力钻具组合、长寿命的高效钻头、随钻测量及计算机应用技术等。其中井下动力钻具组合是核心部分，它主要由带弯接头或具有弯外壳或具有偏心稳定器的井下动力马达及普通稳定器构成。采用井下动力钻具组合滑动钻进，可以有效地控制井眼轨迹。井下动力钻具组合具有多种不同的组合形式，这里只简要介绍典型的几种。

1. 带弯接头的井下动力钻具组合

带弯接头的井下动力钻具组合，主要由钻头、定排量马达及弯接头组成。用定排量马达驱动钻头旋转，弯接头装在马达上方以产生钻头造斜力。在定向钻井中，这种组合是一项重要的定向造斜及纠斜技术。

已投入使用的弯接头，包括固定弯接头和可变弯接头两类，后者代表着弯接头的发展趋势。目前比较先进的一种可变弯接头是液压式多角可遥控弯接头，如图 4-12 所示。这种弯接头主要由上短节、下短节、内轴、促动系统、润滑系统、复位弹簧及驱动销等组成，内轴轴线与上短节轴线之间的夹角称为结构弯角 β，下短节轴线与上短节轴线之间的夹角称为接头的弯曲角 θ，下短节可绕内轴转动，其转动角用 ϕ 表示。下短节绕内轴转动一周分 10 步，每转动一步，ϕ 增加 36°，弯曲角 θ 随之发生变化，当 $\phi=180°$ 时，θ 达到最大值 2β。使用这种弯接头可获得 6 个不同的结构弯角，从位置 0 转到位置 5 使弯曲角逐步增大，而从位置 5 转到位置 10（即位置 0）使结构弯角逐步减小。可变弯接头的结构弯角与其外径有关，液压式可变弯接头已有 4 种外径（171.45，196.85，203.2，228.6 mm）可供选择，所能获得的最

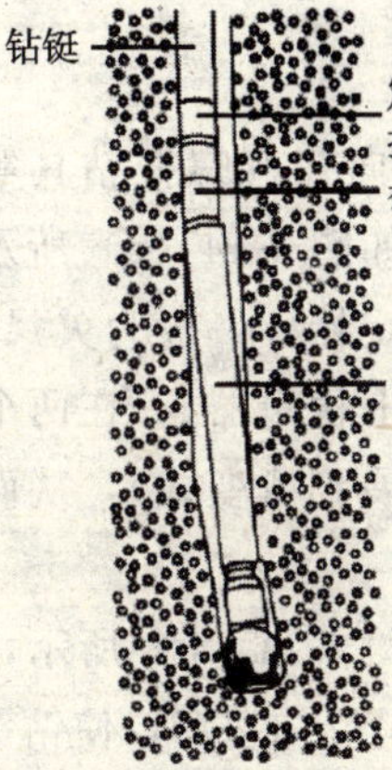

(a)

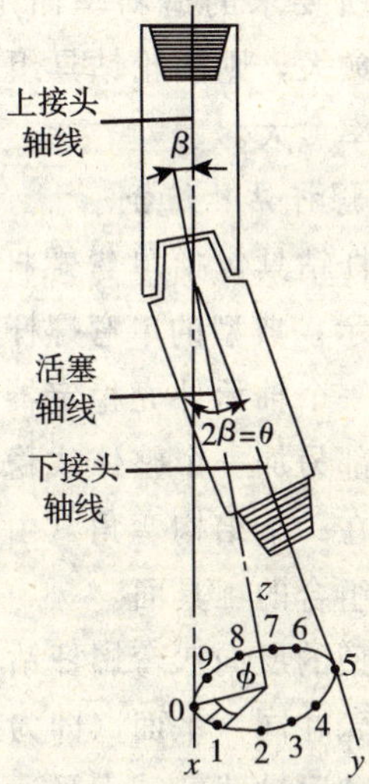

(b)

图 4-12 带弯头的井下动力钻具组合

(a) 钻具组合 (b) 可变弯接头

大结构弯角分别为 2°（对应于 171.45 mm 外径）和 2.5°～3°（对应于 196.85，203.2，228.6 mm 外径范围）。

2. 涡轮钻具组合

典型的涡轮钻具组合由涡轮马达及 1 个偏心稳定器和 1～2 个常规稳定器组成，如图 4-13 所示。常用的偏心稳定器为三翼型和五翼型，安放在涡轮马达的轴承节上，其中心偏离轴承节的轴线，从而使钻头轴线定向偏离井眼轴线，形成这种钻具组合的工具面。偏心稳定器的中心偏离轴承节轴线的距离（即偏心距），主要视所钻地层及所要求的造斜率而定，偏心距愈大，则涡轮钻具组合的造斜率愈大。

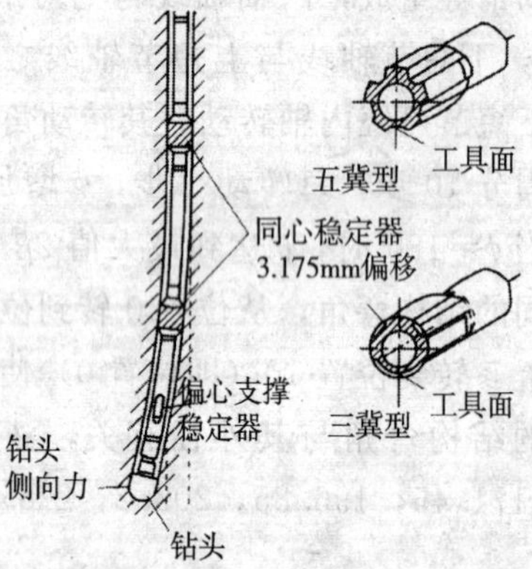

图 4-13　涡轮钻具组合

3. 螺杆钻具组合

螺杆钻具包括单弯螺杆钻具及反向双弯螺杆钻具等，如图 4-14 所示。典型的单弯螺杆钻具组合如图 4-14（a）所示，近钻头具有一个轴承外壳稳定器（即下稳定器，一般为欠尺寸），在钻具上部另加一个整体式稳定器（即上稳定器），在两个稳定器之间存在一个结构弯角（由固定式发展到可变式），从而形成这种钻具组合的工具面。

典型的反向双弯螺杆钻具组合如图 4-14（b）所示，动力马达的外壳在同一平面（即为工具面）呈反向双弯，使钻头轴线稍微偏离井眼轴线。动力马达的反向双弯外壳，先是以较小的角度在工具面内朝一个方向弯曲，后在同一平面内以较大的角度朝相反的方向弯曲，两个弯曲角度之差就是钻头偏转角的近似值。这个角度差或结构弯角的大小主要取决于井下动力马达的尺寸和期望的造斜率，一般限制在 0.25°～0.78°范围内。

4. 转盘钻具组合

对于这种钻具组合，稳定器的安放位置和个数至关重要。研究结果表明，通过合理的稳定器安放组合，便可得到所需的增斜钻具组合，或稳斜钻具组合，或降斜钻具组合。图 4-15 给出了 7 种典型的转盘钻具组合，其中包括 3 种增斜钻具组合（a，b，c）、2 种稳斜钻具组合（d，e）及 2 种降斜钻具组合（f，g）。由此不难发现，尽管它们之间只是在稳定器的安放位置或个数上有所不同，但是它们具有不同的定向钻井特性。例如，通过预测计算及实践证明，如果不考虑地层等因素的影响，则图 4-15 表明的 3 种增斜钻具组合具有强弱不同的增斜能力。即组合 a 增斜能力相对最强，组合 b 次之，而组合 c 相对最弱（属微增斜钻具组合）。在实际钻井中，如果需要在降斜地层中稳斜时，往往采用微增斜钻具组合以抵消地层的降斜作用，从而达到稳斜目的。

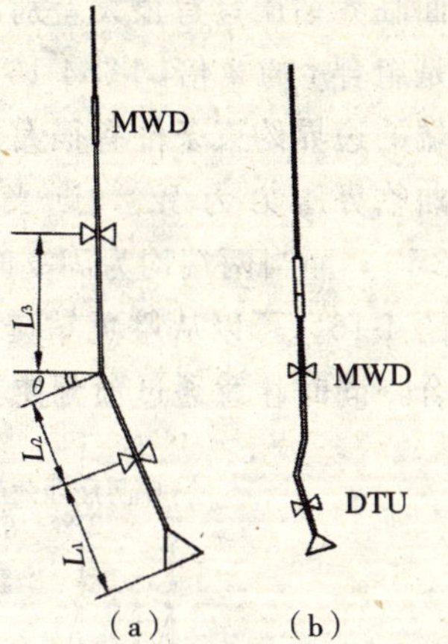

(a) 单弯型　(b) 反向双弯型

图 4-14　螺杆钻具组合

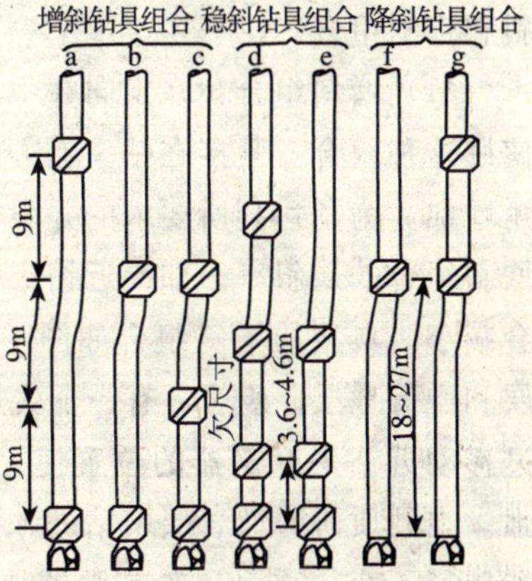

图 4-15　典型转盘钻具组合

另一方面，稳定器的作用还影响底部钻具组合的稳定性。通过近似分析（如图 4-16 所示）可判定，若采用全尺寸稳定器，则图 4-15 所示 2 种降斜钻具组合（f，g）的屈曲临界钻压具有很大差别，即可近似认为组合 g 的屈曲临界钻压是组合 f 的 2 倍。图 4-16 表明：管柱（或钻铤）的屈曲与其两端的边界约束条件有很大关系，假若管柱在两端铰支时的轴向屈曲临界压力为 W_1，则当下端改为固支时，其临界压力变为 $2W_1$，而当两端均为固支时，其临界压力变为 $4W_1$。因此，根据图 4-16，可以从避免钻铤屈曲的角度来选择合理的底部钻具组合，同时注意通过预测使其满足井眼轨迹控制的技术要求。

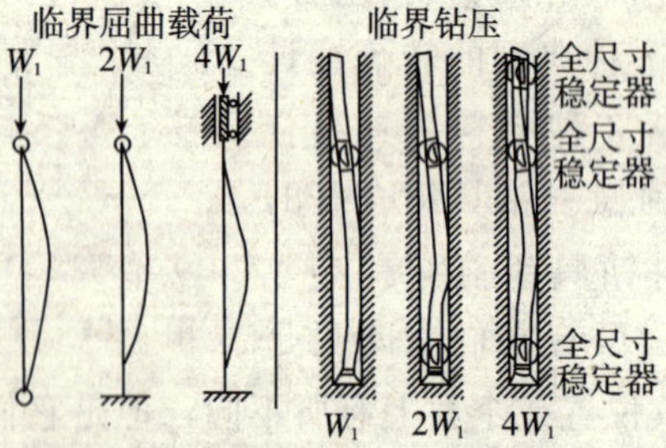

图 4-16　转盘钻具组合的屈曲特性

精心计算稳定器的位置，可将转盘钻具组合设计成增斜、稳斜和降斜组合。

（1）增斜组合：在定向井中，用造斜工具初始造斜后，通常使用这种组合。紧接在钻头上方的单稳定器因支点效应可使井斜角增加。为了达到所要求的井眼轨迹，可通过增加稳定器来改变增斜组合的造斜率。如果近钻头稳定器尺寸不足，钻头侧向力就会减小。典型的增斜组合如图 4-15 所示。组合 a 和 b 适于软地层和中等地层。组合 c 有一个欠尺寸稳定器，造斜性能较低。通过移动近钻头稳定器的位置使之向钻头靠近，能使造斜趋势增强。在硬质研磨性岩层中钻进，钻头磨损问题十分突出。为了保持井径不变，须用牙轮扩眼器取代近钻头稳定器和第 3 个稳定器。为减小产生“狗腿”的风险，增斜率应保持在 2°/ 30 m 以下。对这些钻具组合所施加的钻压大小也将影响它们的增斜特性。过大的钻压将会使造斜率急剧增加。

(2) 稳斜组合：一旦井斜角增至所需的角度，就要用稳斜钻具组合来钻稳斜井段。现在的问题是要减小钻具组合的增斜或降斜趋势。实际上这一点很难做到，因为地层效应和重力会改变井斜角。为消除增斜和降斜趋势，稳定器安装间隔要小，必要时可采用短钻铤。图 4-15 中的钻具组合 d，用于软地层效果很好。为抵消重力的影响，装有欠尺寸稳定器的钻具组合 e 是微增斜钻具组合。在较硬的地层中，用牙轮扩眼器来代替近钻头稳定器。除非事先估计到会发生压差卡钻，一般稳斜组合只装三个稳定器。钻压变化基本上不影响这种组合的定向特性，所以为达到最大的机械钻速可施加最佳钻压。在使用井下马达钻进后，不要直接下入带有多个稳定器的满眼钻具组合。

(3) 降斜组合：在定向井中，只有 S 形（五段制）的剖面设计要求降斜。降斜钻具组合的另一个应用是当井斜角增加到超出设计要求时，必须降斜，以把井眼纠回到原定的轨道。最好是在较软的地层中降斜，因为在硬地层钟摆钻具组合降斜很慢。图 4-15 给出了两种类型的降斜组合（f 和 g）。这些降斜组合在大井斜角的井眼中比较有效。如果井斜角降不下来，可以减小钻压，但这样做会使机械钻速降低。

（二）定向方法

定向就是把造斜工具面摆在预定的定向方位线上，不仅在扭方位时需要定向，而且在使用井下动力钻具进行造斜、增斜或降斜以及使用转盘造斜工具（如斜向器、射流钻头等）进行定向造斜时，也需要进行定向。定向方法可分为地面定向法和井下定向法两大类，其中地面定向法由于工序复杂及准确性差，已基本被淘汰。井下定向法是先将造斜工具下到井底，然后从钻柱内下入测斜仪器，以测量井底的实际井斜方位，如果它与预定方位不符，则可通过转盘将工具面强扭到预定的定向方位线上来。这种井下定向法工序简单，准确性高，但需要一套先进的测斜仪器，同时还需要在造斜工具的内部给工具面做个标记，以便测定工具面的方位。井下定向的工具面标记方法有三种，即定向齿刀法（只能与氟氢酸测斜仪配用）、定向磁铁法（只能与磁性测斜仪配用）及定向键法。定向键法应用广泛，这里对其进行简要介绍。

定向键法是一种广泛应用的井下定向的工具面标记方法，它既可用于磁性测斜仪定向，也可用于陀螺测斜仪定向，原理上讲也可用于氟氢酸测斜仪定向。

如图 4-17 所示，定向键所在的母线就标志着造斜工具的工具面方位。测量时设法测到定向键的方位，也就可以知道造斜工具的工具面方位了。在测斜仪的罗盘上有一条发线，在测斜仪的最下面有一个斜口管鞋，斜口管鞋上有一个定向槽，安装测斜仪时使发线与定向槽在同一母线上对齐。当测斜仪下到井底时，定向键的特殊曲线形状将使定向槽自动卡在定向键上，从而使罗盘面上的发线方位正好标志了造斜工具的工具面方位。

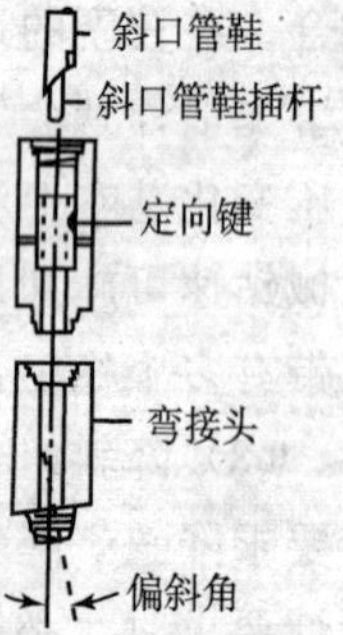

图 4-17　定向键法

随钻测斜仪配上定向键，是目前较先进的定向方法，可以做到随钻定向，即在钻进过程中随时显示造斜工具的工具面方位及其变化情况。目前用的随钻测斜仪分为有线和无线两种。

三、定向井井眼轨迹控制

井眼轨迹控制技术是定向钻井施工中的技术关键。它是一项使实钻井眼轴线沿着预先设计的轨迹钻达目标靶区的综合性技术。

井眼轨迹控制贯穿钻井的全过程，内容包括：优化钻具组合、优选钻井参数、采用先进的工具仪器、应用计算机进行井眼轨迹的检测预测、利用地层影响轨迹的自然规律，等等。

（一）直井段轨迹控制

（1）造斜点深度小于 500 m，采用牙轮钻头加钟摆钻具或塔式钻具组合，严格控制钻压，最大井斜角不大于1°。

(2) 造斜点深度为500～1000 m，采用牙轮钻头加钟摆钻具或塔式钻具组合，合理选择钻井参数，钻至离造斜点50 m时减压吊打，控制井斜角不大于1°30′。

(3) 造斜点深度大于1000 m，采用塔式钻具或刚性满眼钻具组合，钻至离造斜点100 m时，轻压吊打，控制井斜角不大于2°。

造斜点深度大于1000 m，ϕ311.1 mm井眼可采用塔式钻具加PDC钻头，钻压40～60 kN，转速90～120 r/min，排量48～52 L/s，泵压13～20 MPa；ϕ251.9 mm井眼可采用PDC钻头+178 mm钻铤×2根+ϕ214 mm扶正器+158 mm钻铤钻至定向点，钻压40～60kN，转速90～120 r/min，排量28L/s，这样既可保证井身质量，有效控制井斜，又可加快钻井速度。

(4) 造斜点深度大于1500 m，在了解地层不易井斜的情况下，可采用优快复合钻进技术，即采用PDC钻头+螺杆来钻直井段，这样就会极大提高直井段的钻井速度。

（二）定向造斜段

1. 单点定向过程

(1) 准备工作

1) 井眼准备：钻达造斜点深度，充分调整并循环好钻井液起钻，保证下趟造斜钻具能顺利下入。

2) 设备准备：设备必须保证运转正常。检修好两台钻井泵；固定好转盘，保证转盘锁紧销好用；水龙带拴保险绳，钻井泵保险销等保险系统可靠，确保施工安全。

3) 地面准备：准备好测斜系统及定向工具；钻杆打钢印，将钻杆在钻杆架上平放静置，用带水平尺的打印规，先后卡在两端公母接头上，找平后划线，打上“|”记号，则两端接头上的“|”记号在同一条铅垂线上。根据造斜井斜角的要求及钻具造斜率确定需要打多少根钻杆。

4) 动力钻具试运转：动力钻具须经试运转合格后方能下钻。

$$需要打印钻杆根数=\frac{造斜井斜角（度）}{钻具造斜率（度/根）}+2（附加）$$

（2）下钻

一切检查合格，按造斜钻具结构组合钻具下钻。造斜钻具下钻要控制下放速度，不得硬压、下冲、划眼。遇阻时可依次转动90°、180°、270°下放，严重遇阻要起出，用直井钻具通井后再下钻。

（3）测斜及定向

下钻到底，上下活动钻具，幅度不低于5 m。锁上转盘销子，吊卡平坐在转盘正中，在钻杆母扣端打一钢印，并在转盘相应位置做一记号，然后单点测斜。

1）单点测斜前，检查定向杆斜槽与马槽刻线是否对正，并在定向斜槽处打上铅块。

2）测斜完检查坐键情况，测斜坐键才算成功，否则重测。这是因为通过下列传递：弯接头方向→键块→定向杆斜槽→马槽→罗盘上刻线→胶片上刻线（弯接头方向），我们才能在胶片上读出弯接头方向，上述传递环节有一处出现差错，就会使测斜胶片上刻线不能真实反映弯接头方向。

3）读出弯接头方向，计算弯接头需转角度。计算方法：弯接头转动角度=设计方位−弯接头方向−方位提前角+钻具反扭角。

4）接方钻杆，在方保接头上打上钢印，印痕与方钻杆的一条方边对齐（这条边与其余三边要有区别，一般选焊刻度线的一边打上钢印）。

5）测量角差。用钻杆量角器测量角差的方法：以下钻杆母接头上的刻线为基础，上公接头的刻线在左，角差取正值，在右则为负值。

6）定向钻进接的每一个单根都必须这样测量角差。用代数相加累计角差值，最后推算到方钻杆方边上，用转盘转动方钻杆，将弯接头方向转到需要的位置。

7）继续定向钻进到井斜、方位满足定向要求为止。

（4）定向注意事项

1）场地打钢印应检查，不能与原记号混淆。

2）接单根必须旋绳卸扣。

3）接完方钻杆调整弯接头方向时，如果很难调至需要的方向，可能是数据有误，必须重新核实数据。

4）动力钻具反扭角以实测为准（钻进两单根测斜后校正）。

5）造斜点井斜角较大时，按扭方位工艺施工。

2. 有线随钻定向

（1）定向前要根据直井轨迹和设计轨迹重新确定定向方位角及最大井斜角。

（2）认真检查入井弯接头：①检查弯接头实际弯度与名义弯度是否相符。②检查弯接头键是否偏离中心线。③用定向杆反复试验，检查弯接头是否卡键。

（3）认真检查螺杆并试运转：①螺杆（或涡轮）入井前必须认真检查旁通阀是否有堵塞现象，间隙是否符合要求。②螺杆入井前要用清水冲洗干净。③螺杆入井前要试运转，注意观察旁通阀出泥浆是否正常，螺杆功率是否符合要求。

（4）动力钻具入井（螺杆、涡轮）必须保证井眼畅通无阻，严禁用动力钻具划眼。

（5）一般情况下，定向及扭方位推荐如下钻具组合：钻头＋单弯螺杆（动力钻具＋弯接头）＋无磁钻铤＋钻铤（2柱）＋加重钻杆（100～200 m）＋普通钻杆。特殊情况的钻具组合以设计为准。

（6）定向及扭方位施工

1）定向（扭方位）时，井斜角小于10°时用磁性工具面施工，井斜角大于10°时用高边工具面施工。

2）在无磁干扰情况下使用磁性测斜仪定向，在有磁干扰的情况下使用陀螺仪定向。

3）定向装置角计算。

4）采用平均角法进行数据处理，方位必须校正磁偏角。

5）定向及扭方位过程中，要及时跟踪计算“狗腿度”，发现“狗腿度”超标或增斜效果达不到设计要求，及时根据现场情况更换弯接头。

6）定向、扭方位过程中，如出现效果差甚至出现反向效果，应立即停止施工，起出随钻仪器并重新坐键，如坐键没问题应起钻检查弯接头。

7）定向、扭方位时，井斜角达到15°或扭方位施工50 m以上，必须用单点测斜仪校验随钻仪显示数据，定向、扭方位施工结束前再次用单点测斜仪校验，大斜度井根据情况加密校验，以免因探管不准给施工造成误导。

8）有下列情况之一者，不得进行定向或扭方位施工：①井壁不稳定，井眼不畅通，井底不干净；②钻井液性能达不到设计要求或不具备安全施工条件；③设备有故障，安全措施没有落实好；④送井动力钻具、弯接头、测斜仪经检查达不到规定标准；⑤技术措施没落实好，主要技术岗位人员没到位。

9）根据动力钻具的特性和推荐参数确定钻压及排量，遵守动力钻具操作规程，严禁猛压猛放，造成动力钻具先期损坏。

10）定向及扭方位施工前必须加适量润滑剂，井深超过2500 m或大斜度井段必须混原油。

3. 定向造斜段刹把操作

由于在定向钻井中，造斜工具带有一定的弯度，而定向井的井眼又是弯曲的，所以，在司钻刹把操作上，有着与钻直井不同的操作要求。

（1）下入定向造斜钻具，要控制下放速度，密切注意指重表的变化。略有遇阻，随时准备刹车。

（2）定向时，按要求转动转盘角度，严格按技术措施加压，做到精心施工。

（3）定向钻进卸方钻杆，接单根时，尤其单点定向时，要防止井下钻具转动，以保证工具面的方向。

（4）带有弯接头钻具起钻不能用转盘卸扣，而应用大钳松扣旋绳卸扣。

（5）造斜钻进时，严格按设计钻进参数执行。

（6）滑动钻进时，加压要采用少放、勤放的措施或采取冲击送钻的方式，以保证螺杆工作稳定和防止黏卡。

（7）钻具在斜井眼内，要尽量保持钻具的运动。活动钻具以上下活动为主，防止在一点空转。

（8）起钻时要控制速度，密切注意指重表的变化，发现有阻卡现象及时处理，防止键槽卡钻。

（9）定向造斜钻具遇阻不能划眼。

（10）遇有黏附卡钻、键槽卡钻，不能硬转、硬拔，要根据不同情况，采取相应的措施处理。

（三）增斜段

1. 增斜钻具

增斜钻具一般在普通钻具中加 1～3 个扶正器，下部扶正器起主要作用，扶正器尺寸之差以 3～5 mm 为宜。在技术措施上采用大钻压、低转速、低泵压。目前常用增斜钻具结构见图 4-18。

2. 增斜钻进参数推荐值

如钻头尺寸 311.1 mm，则钻压 180～240 kN，转速 60～110 r/min，排量 50 L/s，泵压 6～10 MPa。如钻头尺寸 215.9 mm，则钻压 160～200 kN，转速 60～110 r/min，排量 28 L/s，泵压 10～15 MPa。

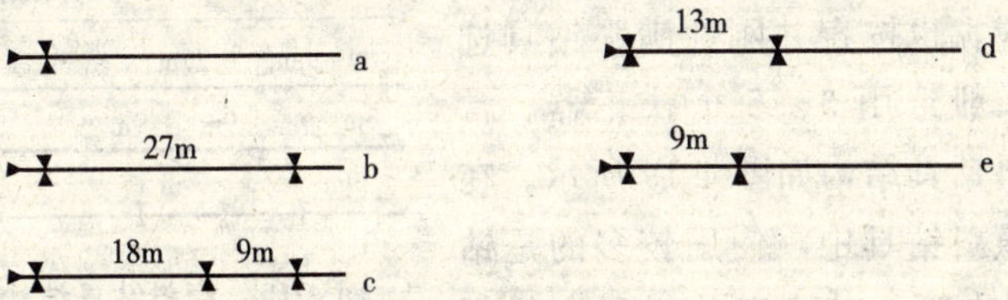

图 4-18 增斜钻具

3. 复合钻进中的增斜钻具组合

在当今优快复合钻进中，可以用这种钻具组合来增斜：钻头（PDC）＋单弯单扶螺杆＋钻铤＋钻杆。采用 1°单扶单弯螺杆加 PDC 钻头，定向至 15°以上即可启动转盘，在启动转盘复合钻进时，增斜率为（3°～ 8°）/100 m。这种钻具组合机械转速既快，方位又稳定。这种钻具是目前增斜时常用的钻具组合。

4. 增斜钻进施工要求

（1）按照设计钻井参数钻进、均匀送钻，使井眼曲率变化平缓，轨迹圆滑。

（2）及时测量有关数据，随时作图，掌握井斜、方位的变化趋势。如增斜率达不到设计要求时，应及时采取如下措施：①通过调整钻井参数改变增斜率。②更换钻具结构。③用单弯单扶螺杆增斜时，改变螺杆的弯度或改变扶正器尺寸大小及位置。弯度越大，增斜率越大，下扶正器距钻头越近，增斜率越大。

（3）控制井斜方位角变化，因地层等因素造成方位严重漂移，影响中靶时，应选用井下动力钻具带弯接头等方法及时调整井眼方位。

（4）斜井段进行设备检修时，不要长时间将钻具停在一处循环空转划眼，以免井眼出现台阶。

（四）稳斜段

1. 稳斜钻具结构

定向井用扶正器稳斜原理和直井使用多扶正器刚性满眼钻具的原理一样，其扶正器的数量尺寸和位置，也按直井刚性满眼钻具选定，一般选用 3～5 个扶正器。常见稳斜钻具结构如图 4-19 所示。在上述稳斜钻具中，使用较多的是钻具 f。钻具 g 对稳定井斜和方位都

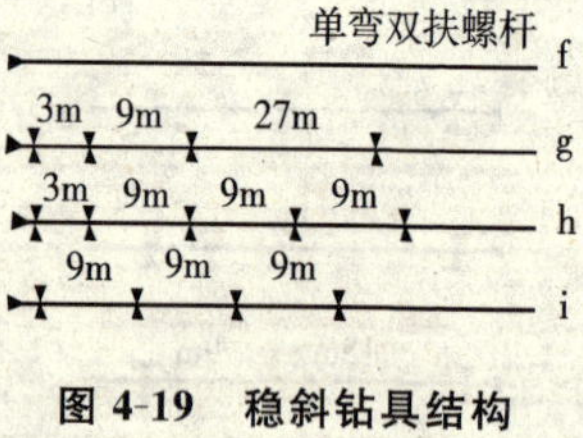

图 4-19　稳斜钻具结构

比较理想；在需要微增斜或大斜度井段中稳斜时，可选用钻具 h。

2. 稳斜钻具参数配合

稳斜钻进参数和直井基本相同。可采用较大钻压、适当转速和排量配合高压喷射钻进，以利于提高机械钻速。

3. 复合钻进中的稳斜钻具

在当今优快复合钻进中，通常情况下，稳斜段采用 0.75°或 1°单弯双扶螺杆稳斜。

在考虑地层倾角的情况下，0.75°或 1°单弯螺杆的降斜率为（1.5°～2°）/100 m，且井斜越大，降斜率越高。若地层为顺向，增斜率为（1.5°～2.5°）/100 m；若地层为反向，降斜率为（2°～4°）/100 m。为此，根据地层倾角，倾向与设计井斜、方位的关系，下入双扶单弯螺杆前，应留有一定的增降斜量。一般情况下，对顺向地层，定向完的井斜按下靶进圈 10 m 计算；对逆向地层，定向完的井斜按下靶最远边计算。

4. 稳斜钻进时的施工要求

在大斜度井段中稳斜钻进，有微降斜的现象，有时降斜还相当严重。稳斜钻进出现降斜的原因是因为钻具钟摆力的作用使得扶正器与井眼之间存在间隙。其间隙越大，井斜角越大，降斜现象越严重。

在稳斜段施工中，降斜问题必须予以考虑。同时还要考虑到因方位变化引起的水平位移损失。所以，施工最大井斜角一般比设计值大。这要根据稳斜段长度、地层影响而定。

（五）降斜段

定向井降斜钻具的原理，主要是利用钻具的钟摆力来降斜。常用降斜钻具如图 4-20 所示。在上述降斜钻具中，钻具 j 为弱降斜钻具，用于对降斜率要求不高的井段；钻具 k 为中等降斜钻具，使用比较广泛，在井斜角为 10°～30°时，平均降斜超过 5°/100 m；钻具 l 为强降斜钻具，降斜率大，但使用的钻压要小些；钻具 m 为光钻键，既能增斜也能降斜，在钻压较小时表现为降斜。钻井实践证明，钻具 m 还具有较强的增方位能力，使用时视情况而定。

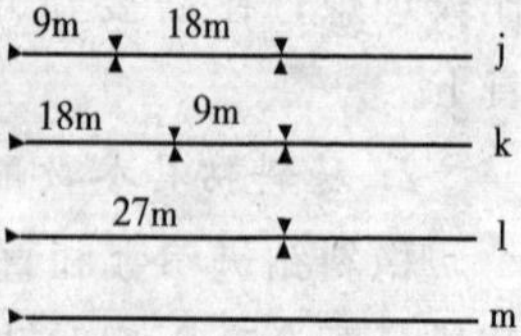

图 4-20　降斜钻具结构

降斜钻进要求较小的钻压。为了提高机械钻速，可以提高转速。高压喷射钻进，如需提高降斜率，则应降低钻压、转速及喷射水平，采用钢齿钻头。

（六）方位控制

方位漂移是客观存在的事实，其中地层走向对方位影响有一定规律，根据地层各向异性原理，井斜方位有着向垂直于地层走向的方向漂移的趋势，如图 4-21 所示。造斜工具的装置角在定向井的方位控制中是非常重要的，造斜工具装置角决定了使用这个造斜工具钻出的新井眼是增方位还是减方位或是稳方位。正确的装置角可以决定这个造斜工具造斜率如何分配，即有多少用于改变井斜角，有多少用于改变方位角，关键在于确定好造斜工具的装置角。目前在有线随钻条件下，可以随时了解井底装置角的大小，这就可以准确计算在一定装置角下的井斜、方位的变化量。

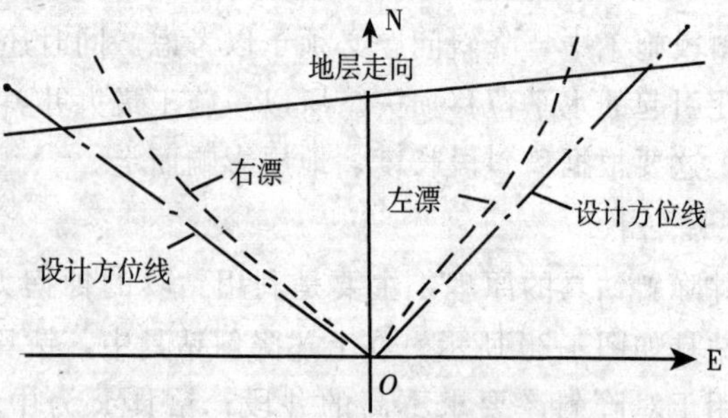

图 4-21　方位漂移示意图

四、定向井安全措施

(一) 钻井液性能对定向施工的影响

1. 钻井液密度

钻井液密度越大压差越大，钻具运动阻力越大，增强了钻具与井壁拉槽作用的同时还容易发生黏附卡钻。

2. 钻井液中的有害固相

钻井液中低密度固相和钻屑含量越高，越使泥饼增厚发虚，润滑性变差，钻具运动阻力增大，井壁形成键槽的同时容易发生黏附。

3. 钻井液的防塌性

特别是在定向井中，上井壁容易掉块，下井壁容易沉砂而形成砂床，它对定向钻井的危害大。

4. 钻井液的润滑性

定向井中钻具运动阻力较大不可避免，如果钻井液没有良好的润滑性，会大大增加井壁泥饼的摩阻，容易发生黏附。

5. 钻井液的携砂性

定向井易产生井壁掉块，且不利带砂，常易形成砂床或掉块形成钻屑的堆积缩径，使井壁摩阻增大，造成起下钻困难及黏附卡钻。

(二) 定向钻井中常见问题

1. 阻卡问题

(1) 定向钻井中常见起下钻遇阻卡现象，其原因是：

1) 斜井中井壁岩石的稳定性比直井差，加之钻速一般比直井慢，井壁受钻井液的浸泡时间长，这就容易造成井壁垮塌。

2) 键槽卡钻是由于斜井的曲率较大及起下钻次数较多，在井眼曲率变化处易磨出键槽所致。

3) 黏附卡钻是由于钻具在自重的作用下常会贴于斜眼下侧，因而与井壁接触面积增大，在井斜70°的斜井中，有90%以上的钻具附贴于井眼下侧。

4）沉砂卡钻。斜井中钻井液携砂能力比直井差，岩屑沉积在井斜变化大、井径不规则的地方尤其是增斜及降斜处，极易形成砂桥。

5）一般定向钻井起钻负荷要比直井增加30％～50％，严重者可达到100％甚至更多，下钻负荷减轻也很大。

（2）预防阻卡、减少钻具摩擦阻力可采取以下措施：

1）必须保持钻井液性能的稳定性。钻井液失水要少，滤饼要薄，许多地区常在钻井液中加入一定量的原油或石墨粉，以减少摩阻力。

2）井眼曲率不宜太大，尽可能保持变化均匀、平滑，避免急弯。这有利于防止键槽卡钻。在不稳定地层中钻定向井尤其应该注意这个问题。

3）更换钻具可能引起阻卡，因此，一般情况下不要轻易换钻具。如必须更换时，起下钻要特别小心，并要制定出相应的措施。

4）带弯钻具起钻不能用转盘卸扣。下钻速度不易过快，以减少对井壁的撞击及损伤钻具，同时也不允许划眼，以免划出新眼。

2. 斜井中钻进的钻压问题

钻具在斜井中由于受到摩擦力的作用，重量指示仪所显示的加压数值并非是加给钻头的全部压力，摩擦力随井斜角增大而增大，重量指示仪所显示的加压数值也必须相应加大。在钻进时很难均匀送钻，可采取少放、勤放的措施，在接近水平的井段钻进时，须采取冲击（猛刹、猛放）送钻才能保证足够的钻压。

3. 扭矩问题

旋转钻井方式中，钻柱就像一根“传动轴”，通过它把转盘的动力传递给井下工具。驱动钻柱转动的动力和井眼阻止钻具转动的摩阻力是同时存在的，是大小相等方向相反的力偶，这就是我们说的扭矩。在比较深的直井和较浅的斜井中，钻柱在井下的扭矩还没有达到使钻具破坏的程度，而在较深井和高难度的定向井中，钻具转动所产生的大扭矩往往会带来很多问题，如：大扭矩使钻具丝扣扭断；大扭矩使钻杆母扣台阶受挤压损坏；大扭矩对井下复杂情况的判断和处理带来困难。

（1）大扭矩形成的原因：①扭矩随井深的增加而增加；②定向井井眼曲率越大，扭矩越大；③钻具组合的变化引起扭矩的变化；④钻井液性能对扭矩也有直接的影响。

（2）减小扭矩的途径：①使用低摩擦系数的钻井液体系；②采用合理的井身结构，增加套管的层次，减少裸眼井段的长度；③设计合理的定向井剖面，施工中要控制井眼曲率不超过标准；④采用大功率、耐高温、寿命长的井下动力钻具，以提高抗扭能力。

4. 固井质量问题

斜度大的井给下套管带来困难，在下套管前调整好钻井液，可加入适当的活性剂，减小摩擦系数，并保证井眼清洁无沉砂。可将部分套管接成立柱，加快下套管的速度。

在斜度变化大、油层井段井径比较规则处，加入适当的扶正器，保证套管居中，提高固井质量。

下完套管后，大排量充分洗井。注水泥时，各水泥车紧密配合，顺利施工，保证斜井的固井质量。

（三）定向钻井安全施工措施

（1）保护井壁。除正常钻进和接单根以外，禁止钻具原地转动，应大幅度上下活动钻具。

（2）及时清除井内钻屑、保持井眼清洁，特规定：ϕ311 mm（$12\frac{1}{4}''$）井眼，排量应大于 55 L/s；ϕ216 mm（$8\frac{1}{2}''$）井眼，排量应大于 28 L/s。

（3）斜井段按要求混原油或加入适量润滑剂，尽量降低井壁摩擦阻力。

（4）用好固控设备，确保三级净化，有效清除泥浆中的有害固相。

（5）斜井段每钻进 200 m 或钻进 40 h，进行一次短起下钻，至少要起到上只钻头起钻位置，如井下不正常，应起过复杂井段或起至技术套管内。

(6) 大斜度定向井根据钻屑返出情况，最多每钻两只钻头就必须从上而下分段划眼循环，清理砂床。若遇井下复杂情况应加密分段清砂。

(7) 凡改变钻具组合（尤其是使用带弯接头的定向钻具组合）下钻，遇阻不允许超过 10 t，禁止硬压、硬砸，定向钻具组合不可划眼。

(8) 定向井段划眼以冲、通为主。可以快放划眼，若划眼速度过慢，应及时分析原因，采取必要措施，防止较长时间避划眼，打出新井眼。

(9) 裸眼斜井段起钻时应用Ⅰ挡车起钻，禁止用转盘卸扣。

(10) 起下钻遇阻、卡超过正常摩阻时，要坚持“起钻时少提多放、下钻时多提少放、多次活动”的原则，活动无效时，应开泵循环，划眼或倒划眼。

(11) 认真记录每次起钻遇卡位置，以判断是否有键槽。键槽遇卡时，严禁硬拔，应转动方向或倒划眼起出，并及时破掉槽。

(12) 大斜度定向井施工过程中，若条件允许，要使用随钻震击器。

(13) 钻具在斜井段静止不得超过 3 min。单点测斜静止照相时，钻具不能坐在转盘上，一般离开转盘面 3～5 m，照相结束，立即上提下放，活动钻具，大斜度复杂井段禁止接单根测斜。

(14) 在确保井身质量达标的前提下，尽量简化钻具组合，少下扶正器、钻铤，多下加重钻杆；钻过目标点以后可下一只或不下扶正器；测完多点后通井，必须甩掉扶正器及无磁钻铤。

(15) 钻井液要有良好的润滑性。

(16) 钻杆要定期倒换位置，钻具应定期进行探伤检查。

第三节 取心钻井技术

岩心是认识油、气田和地层的宝贵资料。钻井取心是获取岩心的方法之一。取心钻井就是指利用专门的钻井工具和一定的技术措施，将地下的岩石取到地面上来的一种钻井工艺。

一、取心钻井概述

（一）取心目的及岩心的整理与采样

1. 取心目的

取心是石油勘探与开发中十分重要的一项工作。岩心是最完整的第一手资料，通过对大量岩心的分析研究，可以取得更为完整、准确的地质资料（如油、气层的分布规律、厚度、岩性、孔隙度、渗透率、含油饱和度、裂缝发育情况等），为制定合理的勘探、开发方案，准确地计算储量，采取有效的增产措施提供可靠的依据。

2. 岩心的整理与采样

准确的岩心资料，可以对其他地层估价方法的认识给予支持、弥补、加强和改进。因此，在岩心取出地面以后，必须按照有关规定仔细整理，准确分析，严格管理，充分利用。

（1）岩心出井后的整理

把岩心顶出岩心筒以后，先用彩色铅笔按岩心出筒次序临时编上号码，由上向下，从左至右，先内后外，依次放入岩心盒内，然后边清洗边进行含油、气试验。如果岩心含油，切勿用水冲洗，应立即擦去泥污，观察描述后，进行选取分析样品，留下岩心用玻璃纸包好，或用蜡密封。

（2）岩心长度丈量

岩心丈量前应清洗干净，但微含油以上的油层岩心，不能用水清洗，只能刮去表面油饼。

岩心一般都是在出筒以后丈量长度，当岩心比较松软，容易破碎时，应边出筒边丈量，其总长度称为出筒丈量长度。

当出筒丈量长度小于计算长度时，若井底无余心，而岩心本身有磨心破坏或挤压现象，进行岩心归位时，应在破坏或挤压处，根据具体情况对岩心长度加以调整。反之，当出筒丈量长度大于计算长度时，也应根据具体情况，对岩心长度进行调整。

（二）取心工具组成

取心工具种类较多，目前在国内的钻井取心作业中，常见的是双筒取心工具。双筒取心工具有“常规式”和“特殊式”等多种类型，它们虽然在工具结构上各有特点，但其基本组成部分都包括取心钻头、岩心筒、岩心爪、悬挂总成等主要部件及回压凡尔、扶正器等辅助装置。

1. 取心钻头

任何取心作业，起决定性作用的就是取心钻头。所以取心钻头是整个取心工具中最关键的部件。取心钻头是钻出岩心的主要工具。其切削刃分布在一个同心圆的环形面积上。它的功用是对井底岩石进行环形破碎，形成岩心。取心收获率的高低与取心钻头的类型、质量有着十分密切的关系。

取心钻头的类型，目前使用的有刮刀取心钻头、硬质合金取心钻头和金刚石取心钻头等几种。根据钻头破碎岩石方式的不同，取心钻头可分为切削型、微切削型和研磨型三类。

(1) 切削型取心钻头

这种钻头以切削作用为主要破碎岩石方式，钻头多为钢体结构，刮刀式切削型取心钻头工作面呈阶梯型，镶焊硬质合金。刀片均匀分布在一个同心圆的环形面上。为了提高取心效率，根据岩石可钻性的不同，刀片具有不同的切削角。要求钻头的刀片与钻头体焊接牢固，刀片的底刃面与钻头中心线相垂直。另外，要求钻头岩心入口离岩心爪近，使岩心一形成就很快进入内岩心筒而被保护起来。

(2) 微切削型取心钻头

这类钻头以微切削地层为主要破碎岩石方式。钻头多为胎体结构，工作面呈单锥曲面、双锥曲面、抛物线曲面等多种圆弧形曲面，表镶天然金刚石、人造聚晶金刚石或人造聚晶金刚石复合片。适用于各种中硬－硬地层取心。钻进速度中等，但钻进平稳，岩心收获率高。

(3) 研磨型取心钻头

这类钻头的破碎岩石方式以研磨作用为主。钻头为胎体结构，工作面多为半圆曲面，材质多为低出刃表镶或孕镶天然金刚石或人造金刚石。适用于各种高研磨性地层取心。钻进很平稳，但钻速很慢。

2. 岩心筒

除了取心钻头之外，岩心筒也是取心作业取得成功的另一关键部件。它一般是由内岩心筒（简称内筒）和外岩心筒（简称外筒）组成。

内筒的主要作用是容纳和保护岩心，使岩心在钻进过程中不受钻井液的直接冲刷和旋转钻具的磨损与碰撞。而外筒的主要作用是传递和承受钻压，连接钻头带动钻头旋转，保护内筒。

为了使岩心能顺利进入内筒，要求内筒壁光滑，无弯曲、无变形，以防岩心磨损和受力；为了有效地保护岩心，要求在钻进时内筒不随外筒旋转，同时应有防止钻井液从内筒顶部冲刷岩心的装置；为了增大内筒的有效容积，减轻取心工具的重量，则要求内筒管壁薄、重量小。对于外筒则要求其强度大，无弯曲和变形。

为了实现对内筒的上述要求，所以在内筒上端装有分水接头和回压阀总成，将内筒悬挂在外筒的顶部，并在悬挂装置与内筒上装有悬挂轴承。

岩心筒包括普通岩心筒和特殊取心作业的岩心筒（橡皮套岩心筒、保压岩心筒、海绵岩心筒与绳索岩心筒）。

(1) 普通岩心筒

普通岩心筒一直使用了多年，综合起来看，除了使用更好的钢材、更好的螺纹和旋转轴承之外，总的设计方面没有发生什么变化。大多数普通岩心筒除尺寸不同以外，其他基本上是相同的。每一种岩心筒都有一个外筒与一个接受岩心的内筒。根据取心目的、取心方式和取心长度的不同，岩心筒具有不同的尺寸规格。外岩心筒、内岩心筒及取心钻头的尺寸规格是互相匹配的。根据工具结构的不同，对岩心筒的长度各有要求。对于允许进行中长筒取心的工具，岩心筒可以分为若干节，下钻时将内、外筒分别连接起来。

(2) 外岩心筒

普通岩心筒的主体主要由外筒构成。它的外径与井眼应有一定间隙，这样可保证钻井液的正常循环，清洗井底，携带岩屑。此外，为了维持稳定，根据岩心筒的长度可以安装 2 到 6 个稳定器。

在钻井取心过程中，外岩心筒承受钻压，传递扭矩，带动钻头旋转和保护内岩心筒。另外，在钻井过程中维持钻井液循环，清洗井底。由于它是连接取心钻头和上部钻具的纽带，因此要求外筒材料好、强度高、壁厚均匀、无弯曲和无变形。

(3) 内岩心筒

内岩心筒的作用是随着岩心样品被钻取下来而接受、贮存和保护岩心。为了防止洗井液冲刷岩心，并使内筒的液体能够排出，内岩心筒上端接有分水接头及回压凡尔总成。为避免磨心，使内筒不随外筒一起旋转，一般都将内筒悬挂在外筒的顶部，在悬挂装置与内筒之间，装有承转轴承。内筒上部的回压凡尔总成，一般由球座与直径 5 cm 左右的钢球组成。取心钻具下到井底，先开泵洗井，钻井液将淤积在内筒中的泥砂和在下钻过程中从井壁刮切下来的岩屑冲洗干净。然后投球，钢球到达球座。在取心钻进时，由于球阀的密封使钻井液从分水接头流出，从而保护内筒的岩心不受冲刷。为了使岩心能顺利进入内筒，要求内岩心筒无变形、无碰扁、无弯曲，内壁光滑，壁厚均匀，重量轻和悬挂灵活可靠。

3. 岩心爪

岩心爪的作用是割取岩心和在起钻时承托已割取的岩心柱，将其能顺利地取到地面上来。因此，要求岩心爪有良好的弹性，允许岩心能顺利进入内筒而不受破坏；能有效地从根部割断岩心；有足够的强度，在钻进和割心时不会断裂和破碎；起钻时能可靠地托住岩心。常规取心方式所用的岩心爪有卡箍式、卡板式、卡瓦式和卡簧式等多种类型。

(1) 卡箍式岩心爪

这种岩心爪适用于较软及中硬地层取心。它的形状如圆箍，一圈开有数道缺口，把它分成许多瓣，每瓣内壁车有数圈卡牙。

(2) 卡板式岩心爪

它一般和其他岩心爪复合使用，适用于中硬或硬地层取心。其结构由外座、扭簧和刀片状的卡板所组成。

(3) 卡瓦式岩心爪

它适用于中硬或硬地层取心，有的用丝扣直接和内筒连接。卡瓦式岩心爪的结构由岩心爪体、卡瓦块、盖板及螺丝等组成。岩心爪体内开有18°倾角的槽，并装有四片卡瓦。卡瓦块可在斜槽内自由滑动，上升内径变大，下滑内径则变小。岩心爪体由挂套、销轴、扭簧及卡瓦片组成。卡瓦片可以依赖扭簧的力量张开，钻进中紧贴钻头体内壁。当割心时，在外力作用下使岩心爪收缩，包卡岩心。

(4) 卡簧式岩心爪

这种岩心爪除地质钻探取心使用外，在石油钻井中很少使用，这里不作具体介绍。

4. 扶正器

一般取心工具的内、外岩心筒上部装有扶正器。外筒扶正器可提高外筒和钻头工作的稳定性，并有利于防斜；内筒扶正器可保持内筒稳定，使内筒与钻头的对正性好，岩心易于进入，不易偏磨岩心。但井下情况复杂时，用外筒扶正器容易卡钻，用内筒扶正器有可能把内筒带转。因此有的取心工具的内外筒均不装扶正器。在进行中长筒取心时，岩心筒长，井眼间隙大，则岩心筒容易弯曲变形。岩心筒的稳定影响着取心效果的好坏。因此很有必要对内外岩心筒加以扶正，以保证其工作的稳定性。

（1）外岩心筒扶正器

外岩心筒扶正器由扶正短节和扶正条组成。扶正短节的上下端分别车制母扣与公扣，外部加工有螺旋扶正条。为了减少磨损，提高稳定效果，扶正条镶焊硬质合金块。扶正条之间有螺旋状水槽，以满足钻井液的循环和岩屑的上返。

外岩心筒扶正器可有效地防止岩心筒受压而弯曲。在取心钻进中，当岩心筒旋转时，可保持与井壁有充分的接触面，使取心钻头的轴心线与岩心筒的轴心线尽可能一致。这样，取心钻头在井底工作平稳。为了增加岩心筒的稳定效果，目前，国内外许多油田使用刚性满眼取心钻具。刚性满眼取心钻具的特点是，在外岩心筒配备了多个螺旋扶正器。扶正器棱长为钻头直径的1.5倍，它的直径比钻头外径小1～2 mm。扶正器的数量和位置可根据岩心筒长度的不同具体设计和选择。

（2）内岩心筒扶正器

在取心过程中，由于内外岩心筒之间有较大间隙，内岩心筒不居中，取心钻具的旋转摆动使内筒失稳，并使成柱性差的岩心断裂、破碎或堵心，影响取心收获率。在进行中长筒取心时，一般安装内筒扶正器。

内筒扶正器由钢球和扶正块组成。钢球用扶正块镶嵌在岩心筒的外表面，钢球在扶正块内可自由转动。在钻进过程中，钢球与外岩心筒以球面接触，使内岩心筒处于垂直状态，保持内筒稳定，与钻头对正性好，利于岩心入筒，减少了岩心的破损，有利于提高取心效果。

5. 悬挂装置

用不同的方法，将内筒悬挂起来的装置称为悬挂装置。内筒悬挂与取心效果有着密切的关系。如果悬挂失灵，在取心钻井过程中内筒下落失控，就会在取心钻头进口发生岩心堵塞，取不上岩心或出现其他钻井事故。所以要求悬挂装置悬挂牢固，固定可靠。悬挂方式取决于工具结构。常用的悬挂装置有以下几种：

（1）丝扣式悬挂：这种悬挂方式是用螺纹丝扣将内岩心筒悬挂起来。内筒用丝扣连接并悬挂起来，是悬挂装置中最可靠的悬挂方法。这种悬挂是由取心工具独特的结构特点决定的，即割心时靠岩心爪与岩心的摩擦，上提钻具，岩心爪产生相对位移，收缩自锁卡紧并拔断岩心。

（2）销钉式悬挂：这种悬挂方法是用两个对称的销钉，通过定位接头和丝堵把内岩心筒及承转部分悬挂起来。销钉式悬挂对销钉材料的选择和直径的大小要求很严，销钉强度太大，割心时销钉剪不断，太小则提前剪断，因此在地面要做剪切力实验。

（3）球挂式悬挂：这种装置是用钢球通过悬挂套等部件，把内岩心筒全部悬挂起来。其部件有承挂接头、承挂跑道、承挂套、钢球及卡套等。球挂式悬挂承力较大，悬挂较牢。外部加压阻力小，工作平稳可靠，但对加工工艺及热处理要求很严。

（4）销座式悬挂：用悬挂销通过悬挂套座在外八方上，把内岩心筒及承转部分悬挂起来的装置叫销座式悬挂。这种悬挂方式的特点是，割心时不需剪断悬挂销，在整个取心过程中，内筒始终处于悬挂状态。悬挂销所用钢材要好并经过热处理、强度高，不易磨损，悬挂可靠。

随着钻井取心技术的发展，取心钻头和取心工具在不断改进完善，反映在钻头取心进尺大幅度提高，中长筒取心越来越多。这就要求悬挂装置在结构上适应取心工艺的需要。上面四种悬挂方式以丝扣式悬挂和销座式悬挂最可靠，可满足中长筒取心悬挂及钻井取心技术要求。

（三）取心工具尺寸配合及要求

组成取心工具的各部件是有机地联系在一起的，它们之间互相制约，紧密配合。

1. 钻头与岩心筒

取心钻头的外径主要根据井眼尺寸、地层岩性与外岩心筒技术规格来决定。在松软和易垮塌地层中，钻头与外岩心筒的直径差值不能太小，以免由于外岩心筒与井壁间隙太小，引起泵压升高，井底清洗不净，甚至造成卡钻等井下事故。在易斜地层，间隙值可适当减小，以利防斜。在一般情况下，取心钻头的外径应小于或等于全面钻进的钻头尺寸，并大于外岩心筒接头外径 10～20 mm。它的内径应根据岩性的不同，合理选择，并与岩心爪、内岩心筒尺寸互相匹配。

2. 岩心爪的尺寸配合

为保证岩心顺利进入内岩心筒，岩心爪张开时的内径，一般大于钻头内径 5～10 mm，应稍大于或等于内岩心筒的内径。在易膨胀地层，差值可大些，硬地层应酌情减小。根据取心工具结构的不同，岩心爪与钻头及岩心筒的尺寸配合，有着不同的要求，应区别对待，合理选择。

3. 内岩心筒与外岩心筒之间的间隙

内外筒之间的间隙较小，是钻井液流清洗井底的必然通道。其间隙值应以保证钻井液阻力较小，避免泵压过高为原则，一般选择间隙为 10～15 mm。

4. 内岩心筒与岩心爪的轴向间隙

不同类型的取心工具和轴向间隙有着不同的要求。轴向间隙必须合适，当间隙太小或为零时，内岩心筒随钻头一起转动，磨损岩心，如果此间隙太大，岩心爪距内筒距离太远，不利于岩心入筒和保护岩心。在装配岩心筒时，内岩心筒与岩心爪的轴向间隙，可按要求具体调整，卡箍式岩心爪与内岩心筒的轴向间隙一般为 10～15 mm。

(四) 取心工具组合类型

1. 加压式常规取心工具组合

(1) 结构原理

加压式常规取心工具组合可用于松软地层取心。它一般由取心钻头、岩心爪、岩心筒组合和加压接头组成。岩心筒组合有内外之分，外筒组合包括外岩心筒和定位接头，内筒组合包括内岩心筒和悬挂总成。悬挂总成通过销钉悬挂在外筒组合的定位接头上。岩心爪置于内筒组合之下。加压接头连接在定位接头上，由相对滑动的外六方杆与内六方套及加压中心杆组成。

钻进时，钻压与扭矩通过加压接头和外岩心筒传递给取心钻头钻取岩心。岩心通过岩心爪进入内筒得到保护。循环的钻井液经过悬挂总成的分水接头、内外筒环形空间、钻头水眼而清洗井底并携带岩屑。当取心钻进完毕加压割心时，上提钻具 0.4～0.5 m，让加压接头的滑动部分全部拉开。此时，加压接头的加压内台阶位于加压中心杆的球座之上，待加压钢球分次投入钻具并到达加压中心杆球座之后，下放钻具，加压内台阶就必然压住钢球。这样就可将钻具重力通过钢球和加压中心杆传递给内筒组合的承压座上，确保悬挂内筒的销钉被剪断，并使内筒继续受压下行，迫使岩心爪沿钻头内腔斜坡收缩变形，割断并卡紧岩心，达到取心目的。

(2) 工具组合特点

1) 取心钻头为切削型，机械钻速高。

2) 岩心筒为双筒单动悬挂式，有的内筒具有冲洗式结构。即取心钻进前可以通过内筒循环钻井液，冲洗内筒，清洗井底。不仅保证内筒清洁，也有利于岩心入筒，而且可使工具一次下钻到底，开泵顺利。

3) 岩心爪为加压式，其内径比岩心直径大 10 mm 左右。只有在专门的加压机构作用下才能变形，且呈一次性收缩。

4) 在取心工具之上配有必备的差动加压装置作为加压割心

机构。

5）长筒取心时，配有钻进中途接单根的专用装置——滑动接头，以实现钻头不离井底接单根。当工具重力超过正常取心钻压时，还配有专用的转换接头。这样，既保持了滑动接头接单根的作用，又克服了由于滑动接头的存在而造成的在钻井过程中不能随意控制钻压的弊端。

2. 自锁式常规取心工具组合

(1）结构原理

自锁式常规取心钻具组合一般由取心钻头、岩心爪、岩心筒组合和安全接头组成。岩心筒组合也有内外之分，外筒组合包括外岩心筒、短节和稳定器，内筒组合包括缩径套、短节、内岩心筒和悬挂总成。悬挂总成与安全接头的公接头相连，外筒组合与安全接头的母接头相连。岩心爪置于缩径套之中。

下钻完毕，用大排量循环钻井液，冲洗井底，待投入的堵孔钢球就位后，开始取心钻进。由于岩心爪的内径略小于岩心直径，所以岩心总是与岩心爪的内沿相接触存在摩擦力而相对静止，缩径套则随同钻具上行。由于缩径套内锥面与岩心爪锥面吻合一致，相对位移的结果必然使岩心爪收缩、自锁、卡紧并拔断岩心，达到取心目的。

(2）工具组合特点

1）取心钻头为微切削型和研磨型。

2）岩心筒为双筒单动、丝扣连接、内洗式。外筒由稳定器加厚壁管构成，刚度好，稳定性好，有利于长筒取心钻进。在破碎性地层取心时，还采用外返孔结构，以形成水力并联管路，保证取心钻进时，有部分钻井液不通过钻头水眼，而经内筒自下而上，从工具上部返到环形空间。从而对岩心块产生一个向上的作用力（力的大小可通过变换外返孔嘴直径来调节），使岩心块被携带并悬浮于内筒上部，达到提高岩心收获率和单筒进尺的目的。

3）岩心爪为自锁式，其内径一般要比岩心直径小 23 mm。

当上提钻具时，岩心爪则能自动卡紧岩心，自锁割心。岩心爪可反复使用，操作方便。

4）工具自身带有安全接头，便于岩心筒遇卡事故的处理。

二、取心钻井工艺技术

（一）取心工具的选择

选择取心工具主要是根据地层岩性、井下条件（井深、泥浆性能等）来合理确定钻头和岩心爪的类型以及工具的长度等。

1. 软地层取心

一般选用刮刀式取心钻头或内出刃较大的硬质合金取心钻头。

2. 硬及研磨性较高的地层

可选用领眼式硬质合金取心钻头或金刚石取心钻头。

3. 超深井取心

为了减少起下钻行程时间，多选用金刚石取心钻头。

4. 岩心爪的选用

地层较软可选用卡箍式岩心爪；中硬地层宜选用卡板式岩心爪；硬及较破碎地层，可选用卡箍式和卡板式组成的复合岩心爪；坚硬及胶结致密的地层，可选用卡箍式岩心爪。

5. 松软地层

对岩心的胶结性差或破碎地层，为了提高岩心收获率，宜选用短一些的取心工具。

6. 岩性较硬地层

岩性较硬而所选用的钻头又能取得较高的进尺，这时可选用中、长筒取心工具。

（二）取心工具的检查

取心工具入井前，应由井队技术员负责组织对取心工具做全面检查，不符合要求者一律不得入井使用。主要检查：

（1）内外岩心筒有无变形、裂纹和伤痕，弯曲度不超过千分之一。

（2）内筒转动是否灵活。每次取心结束后要卸开悬挂轴承清洗干净，采用密封轴承的还应按规定加足润滑脂，调整好轴向间隙，保证转动灵活。

（3）回压阀必须排液畅通，密封可靠，无刺漏现象。

（4）分水接头水眼必须畅通。

（5）各丝扣连接部分必须完好无损，组装时必须上紧。

（6）内岩心筒的内径至少大于取心钻头内径 3～4 mm；卡簧或卡箍的自由通径必须小于钻头内径 1～1.5 mm，并在内锥面上下滑动灵活，滑动距离要符合卡心要求；卡板式岩心爪径要大于钻头内径 3～4 mm。

（7）检查岩心爪的底端与钻头内台肩的间隙是否符合要求。

（8）加压接头内、外管应保证滑动灵活，密封可靠，中心管应保证无弯曲、变形及损伤等情况，装配活动自如，球座端完好无损。

取心工具各部件需经全部检查合格，丈量好主要部件的尺寸后方可组装。

（三）取心操作

1. 取心下钻前的准备工作

（1）处理好钻井液，使钻井液性能稳定，井眼畅通，无垮塌，无沉砂，能顺利下钻到井底。

（2）检查好机械设备及钻具，保证在取心钻进中地面设备与钻具不发生问题。

（3）对起下钻遇阻卡井段应先通井划眼，消除阻卡后方可下钻。

（4）必须充分保持井底干净，通常要在取心下钻前的全面钻进中使用随钻打捞杯，或专门下一次磁铁打捞器，在确认井底干净后，方可下钻取心。

（5）对送到井场的取心工具应按要求进行全面检查，并填好工具卡片。每口井必须配备 2～3 套取心工具及足够的易损附件。

（6）检查好指重表及其他记录仪表，直至各种仪表准确、灵活可靠为止。

2. 下钻操作

(1) 岩心筒入井时，必须在井口卡好安全卡瓦，防止滑脱落井。

(2) 下钻操作要平稳，不得猛放、猛刹。复杂井段的下钻速度应控制在 2 挡起钻时的速度，严防顿钻。

(3) 不允许用取心钻头划眼。下钻遇阻不得超过 9.8～16.6 kN (1～2 t)，经上下活动不能下入时应开泵循环钻井液，严禁强行划眼通过。

(4) 取心下钻中途可根据具体情况分段循环钻井液，或下至距井底 10 m 左右循环。开泵时要用小排量，控制启动泵压不超过 7.8～8.3 MPa，以防压差过大而剪断销钉。

(5) 循环好钻井液后，缓慢下放钻具至距井底 1～2 m 处(若井内有余心时，应为距余心顶面处)，冲洗井底，上下活动或慢慢转动钻具，正常后即可开始取心钻进。

(6) 在取心下钻的全过程中，必须有严格的井口防掉措施，严防金属物落井。

3. 取心钻进应掌握的原则

(1) 轻压慢转启动转盘，开始仔细造心，钻压由小到大。送钻要均匀，增压要缓慢，严防溜钻。

(2) 软地层防堵心，硬地层应控制蹩钻。

(3) 钻进快时要跟上压力，钻进慢时要找原因，不可猛压。

(4) 措施跟着地层变，不能打则果断割心。

4. 取心钻进参数配合

取心钻进是环形破岩，钻头承压面较小，外筒管壁相对较薄。为了保护好岩心，提高收获率，钻压、转速、排量均要比全面钻进用钻头小些，但应适当。钻压太小则钻速慢，进尺小；钻压过大则外筒可能发生弯曲。转速太快会造成内外筒摆动厉害，钻头工作不平稳，造成钻头先期损坏，从而降低钻头进尺及岩心收获率。

取心钻进时的技术参数配合应根据地层岩性、井下情况及所用工具特点等因素，机动灵活地掌握，取心钻进一般参数配合如表 4-1 所示。

表 4-1　取心钻进一般参数配合表

取心地层性质	胶结程度	钻压，kN	转速，r/min	排量，L/s
松软	特差	100～120	50～60	10～15
	一般	30～50	50～60	15～20
	良好	60～80	50～60	20～25
中硬～硬	差	30～50	30～40	12～15
	好	60～80	50～60	20～25

（1）钻压：在硬地层使用川式 215.9 mm 取心工具时，钻压一般加 50～80 kN；用胜 4－206 型取心工具时，一般在泥岩加压 40～60 kN，砂岩可加压 60～80 kN。

（2）转速：一般采用低转速，使用硬地层取心工具，转速为 50～80 r/min；在软地层、井不太深的情况下，可采用 100～110 r/min。

（3）排量：一般取 15～20 L/s，软地层由于取心进尺快，可适当增大排量；对于胶结疏松的砂岩等地层，为了防止冲坏岩心，应适当降低排量。泵压一般以不超过 10 MPa 为宜。

（4）钻井液性能：应尽可能采用优质轻钻井液钻进，保证井下安全及充分净化井底。

5. 取心钻进

（1）取心钻进技术参数应根据钻井施工设计，并结合井下具体情况，在充分讨论的基础上合理确定，司钻操作不得任意改变。

（2）开始取心（即树心）时，要轻压启动。在中硬或硬地层，要缓慢加 19.6～29.4 kN（2～3 t）钻压钻进 0.13m，钻头工作平稳后再逐渐加至钻压钻进；若为疏松油砂岩，则一开始就应加足钻压钻进。

(3) 短筒取心时，应事先配好方入，避免中途接单根。

(4) 送钻要平稳均匀，不得溜钻、中途停泵及上提钻具等。发现蹩跳钻等井下不正常情况时，应认真分析原因，采取适当措施处理，不得蛮干。钻进中要随时注意泵压变化及岩屑返出情况，认真分析井下情况，掌握好钻头使用时间。

(5) 取心钻进中，如遇气浸现象时，必须先循环处理钻井液，待遇气浸消失后再开始钻进。如遇井喷，应在可能的条件下先割心，然后再上提钻具处理。

(6) 树心、割心、套心及取心起钻等作业，必须由正副司钻亲自操作。

6. 取心工艺分析

取心是一种特殊的钻井工艺技术，为了取全、取准地质资料，提高岩心收获率，必须对取心的技术措施、操作技能、取心工具等方面进行深入的分析和研究，并提出相应的改进措施，不断提高取心钻井的工艺技术水平。

(1) 影响岩心收获的因素

1) 操作技术和取心工具。在操作技术和取心工具方面要不断研究总结各种取心工具与取心工艺，根据地层特点来改进或者设计结构更加合理、性能更好的取心工具。

2) 长筒取心时外筒的稳定性。在长筒取心中，外筒长达数十米，容易弯曲，因此，外筒稳定问题比较重要。实践证明，只要能尽量减小外筒与井眼的环形间隙，就可以收到良好的效果。目前多通过提高材质以加强岩心筒强度和加扶正器以减小环形间隙两个方面的途径来解决。

3) 地层因素。由于井下地层岩性的变化很复杂，所以目前在有些地层中取心，岩心收获率难以提高。如在断层、大倾角地层、裂缝发育及胶结性差的地层中取心时，岩心容易破碎；在大裂缝和有大溶洞的地层中取心时，钻具放空；在岩性松散、成柱性差、夹层薄而变化多的地层中取心时，不易卡准油层；在吸水性较强的泥质胶结地层中取心时，一方面岩心容易吸水膨胀而造成堵心，另一方面易使钻井液黏度变大而造成钻头泥包。再如，在岩性坚硬且容易破碎的含硅质结核的地层中取心时，不易割断岩心等。

4）井下复杂情况的影响。因钻井液性能不好和地层因素而引起的井壁坍塌掉块，井径缩小，钻头泥包，井喷、井漏和人为的井下落物，以及因措施不当而造成的键槽、“狗腿”等复杂情况，如果处理不当都会影响取心效果。

（2）“堵心”的原因

①钻头结构不合理，或在下钻过程中严重泥包，使岩心进口处的钻屑得不到及时的清洗和排除。当钻头吃入地层时，松软的油砂或井底过厚的沉砂塞满钻头内腔，愈塞愈实。②岩性特别破碎，内筒与岩心的环形间隙太大；或者是岩心容易吸水膨胀，内筒与岩心的环形间隙过小。③井底掉块较多，钻头一接触井底，就被掉块将岩心进口堵死。④钻井液短路，或者钻井泵不上水而引起干钻。

（3）“磨心”、“卡心”的原因

1）钻进中，由于蹩钻、跳钻而引起钻头跳动，或者由于转速过高而引起内筒旋转和摆动，使岩心受到径向和轴向外力和重力作用，这就有可能使岩心发生相对运动或者裂成碎块。时间越长越严重，特别是长筒取心更为突出。

2）钻进中，由于送钻不均匀，使岩心柱忽粗忽细，过细处断开而横卡内筒。

3）钻进中，遇夹层多而岩性不均一的地层送钻不合理，在软地层钻压跟不上，而在硬地层钻压又过小。

4）由于钻井液性能不好，在钻遇吸水易膨胀地层时，岩心膨胀或岩心周围形成过厚的泥饼而卡于内筒。

5）由于井身质量不好，或者井壁饼过厚，井壁垮塌严重，下钻时，内筒进入大量泥饼或掉块，钻进时岩心被泥饼或掉块卡死。

6）在钻进中，由于内外筒被污物卡死，或者内筒悬挂轴承卡死而造成内外一起旋转。

7）由于钻头切削刃不在同一个水平面上，或者在地层软硬交界处钻进时，产生比较严重的蹩跳钻。

8）取心进尺或内筒的有效长度搞错，岩心已装满内筒而还继续钻进。

9）在夹有疏松砂岩或煤层的坚硬地层钻进时，钻速忽快忽慢难以掌握。

10）在裂缝发育和大倾角地层中钻进，岩心容易破碎，碎块聚集而卡于内筒。

7. 割心操作

（1）硬地层取心工具割心

1）割心应选择在岩性较为致密、胶结性好的地层。

2）钻完进尺，停止送钻，恢复悬重后，停转盘、停泵。

3）缓慢上提钻具，拔断岩心，或上提钻具 0.1 m 左右，用转盘快速甩断岩心。

（2）软地层取心工具割心

1）软地层取心工具是采用投球加压割心的方法。割心层位一般选在泥岩井段为好。

2）钻完进尺，停止送钻，磨心 2～3 min，记好方入，然后上提钻具 0.4 m（以井深 2000 m 为例，按每 1000 m 钻具自重伸长 0.1 m 计算，外六方滑动杆滑动距离为 0.2 m），使加压接头的方脖完全拉开，此时为投球方入。

3）停泵，打开立管上面的丝堵投球，开泵用钻井液送球，共投四只球，每间隔 2 min 投一只，全部投完后循环 10 min 钻井液，循环时可适当转动钻具，以防卡钻，同时可使球就位。

4）停泵，慢慢下放钻具，当钻具有闪动现象，证明销钉已剪断，然后继续下放。一般加压 200～250 kN，使岩心爪收缩而包住岩心。

5）然后上提钻具到停钻方入，间断转动转盘，若转盘无蹩劲，无倒转，则岩心已被割断。此时开泵循环，顶通水眼即可起钻。

8. 起钻

（1）起钻操作要平稳，不得猛提、猛刹和猛坐。要用吊钳松扣，旋绳卸扣，不准使用转盘卸扣，以免甩掉岩心。

（2）若加压割心的显示不好，剪断销钉的把握不大时，起钻操作要特别小心。

（3）起钻过程中要有专人负责及时向井内灌满钻井液。

（4）搞好岩心出筒后的收获率并按规定填写好有关报表。

（5）取心起钻操作要求较高，学习人员一律不准操作刹把。

9. 取心操作安全注意事项

（1）严防井下落物。

（2）指重表、泵压表灵敏可靠，注意气温变化对指重表的影响。

（3）每取心 0.5 m 记录一次钻时，随时判断井下情况。

（4）长筒取心接单根要快，以防卡钻。卸扣时应用旋绳，防止干钻堵水眼。

（5）特殊取心工具取心，操作要求以厂家规定为准。

（6）取心井段已较长时，要用钻头扩眼后，再进行取心。

10. 岩心出筒操作

（1）人力出心法：将岩心筒平放在简易岩心出筒台上，在上端放入橡胶塞，然后取长于内筒的铁管，用人力或借用其他动力自上而下慢而安全地顶出岩心。

（2）手压泵顶心法：若上述方法顶不出岩心时，可采用手压泵顶出岩心。在内筒上端装入出心胶塞，再上紧压力出心接头，然后将手压泵的高压胶管连接到出心接头上，上下扳动手压泵手柄，液压油进入岩心筒，顶出岩心。

（3）安全注意事项：①严禁在井口组织岩心出筒。②顶岩心一定使用出心胶塞，不准用其他物品代替。③用手压泵等顶出岩心时，要防止“放炮”，将岩心打乱、散失。④冬季出筒，一旦发生冻结，应用蒸汽加热。严禁火烤，以免岩心变质。⑤严禁用铁器猛击内筒。

三、密闭取心

1. 密闭取心的目的

（1）了解水淹油层中油水纵向分布情况与油层岩性、物性之间的关系。

（2）取出准确的含油、含水饱和度的岩心资料，为定量研究水淹油层驱油效率提供可靠依据。

（3）验证水基钻井液加示踪剂大直径取心，观察含水层段、含油层段和所有取得的含油、含水饱和度资料的代表性，并对其作出评估。

2. 密闭取心的原理

密闭取心工具与其他取心工具的不同点在于内筒装满密闭液，由装在钻头上的活塞堵住，当取心钻进时，先加压 30～50 kN，将活塞销钉剪断，密闭液流出，开始取心钻进。岩心连续将活塞推进内筒，密闭液不断从岩心与内筒间隙中流出，将岩心包围住，避免了钻井液的污染，达到密闭取心的目的。

3. 工具检查及装配

（1）内外筒无变形、无裂纹，螺纹和密封槽完好，内筒中无剩余密闭液和污物，平直度不超过总长的 0.2%。

（2）钻头内出刃均匀完好，直径和固定活塞销钉孔位置符合图样要求，内腔密封部位光洁。

（3）岩心爪无变形，尺寸符合图样要求，放在缩径套内转动灵活，不碰活塞体。

（4）下活塞尺寸符合图样要求，放入钻头岩心入口处，便于固定活塞销钉并密封。

4. 钻井液要求

(1) 钻井液失水要小，中压失水<2 mL。

(2) 在取心前一趟钻，按资料部门要求在钻井液中加入示踪剂且循环均匀。如使用硫氢酸铵，加量为 800～1000 mg/L。

5. 密闭液要求

(1) 密闭液的质量符合 SY/T 5437 标准中的技术要求。

(2) 冬季施工密闭液温度保持在 20℃以上，便于顺利装筒。

6. 设备和仪表要求

(1) 设备和仪表配备齐全，性能良好，工作正常。

(2) 井场必须有拆装取心工具的手工具和相应的井口工具。

(3) 井场必须有 6 m 左右的短钻杆 3 根或 12 m 的长钻杆 2 根，下完钻调整方入。

7. 下钻作业

(1) 出现下列情况之一时不准下密闭取心工具：①常规取心下钻规定中不准下取心工具时；②密闭液质量不合格；③对上筒岩心收获率低或岩心密闭率低未分析原因和未制定措施。

(2) 密闭取心工具必须用大钩和电（气）动绞车抬上钻台，钻台上需设拉绳，防止碰断活塞销钉。

(3) 外筒上所有丝扣连接必须用大钳紧扣，紧扣扭矩达 2200～2950 kN·m。

(4) 密闭取心工具坐在井口后，内筒中必须灌满密闭液，然后再向分水接头内放入活塞方可下钻。

(5) 取心工具下井时，用 25～30 r/min 的速度下放钻具，防止猛放、猛刹和硬压。

(6) 下钻遇阻不得超过 40 kN，禁止划眼。

(7) 钻头离井底 1.5～2.0 m 开泵循环钻井液。

(8) 钻井液调整好后，在方钻杆上划好到底放入记号、清洗井底。当钻头接触到原井底后，再加压 80～100 kN 剪断活塞销钉后开始取心钻进。

8. 取心钻进

(1) 取心钻进必须由司钻或带班队长操作，送钻均匀，减少蹩跳钻，司钻或带班队长可根据井下情况在设计范围内调整钻进参数。

(2) 开始取心钻进时加压 10～20 kN，转速 50～60 r/min，钻进 0.1～0.2 m 后，慢慢增加至设计钻压钻进。

(3) 推荐取心钻进参数：PDC 钻头钻压为 30～50 kN，金刚石钻头钻压为 40～90 kN，其转速均为 55～60 r/min；排量为：泥岩 22～23 L/s，疏松砂岩 18～20 L/s。

(4) 取心钻进常见的堵心、磨心现象有：①振动筛处捞不到砂样；②泵压突然升高原因不明；③钻进速度突然变慢。

(5) 预防堵心、磨心的措施：①井底沉砂清洗干净；②控制送钻速度，送钻均匀，防止溜钻；③控制破碎地层单筒进尺长度；④地层岩性预告及时准确；⑤每取心钻进 0.2 m 记钻时一次。

(6) 取心钻进中尽量避免停泵、停钻。若被迫停钻时钻头不得提离井底，否则割心起钻。

(7) 取心钻进中如发生井喷预兆等异常情况，应以井下安全为主。

9. 取样化验

(1) 岩心出筒后立即采样化验。

(2) 取样过程中应保持清洁干净。

(3) 样品、标号不得弄错。

(4) 每次粉样前必须将研钵清扫干净。

(5) 化验岩心样品质量所采用的技术标准必须与该井钻井液中所加示踪剂性质相符。

(6) 岩心出筒 8 h 内出示踪剂化验报告，以便分析岩心密闭情况。

10．工具维修

（1）取心工具用完后及时进行清洗、防腐等保养工作。

（2）取心工具所在场地必须垫平，上面不准堆放物品，以防压弯。

（3）取心工具累计运转 200 h 后，要对接箍螺纹及本体进行磁粉探伤、校直和检验。

（4）外岩心筒磨损后的壁厚不小于原壁厚的 87.5％。

（5）取心钻头起出后，对水眼、内外径磨损情况进行分析，检查内腔密封是否光洁，并详细记录。

第五章　中途测试与完井

中途测试是在钻井过程中对已被钻开的油气层进行裸眼测试，又称钻杆测试。用钻杆柱将地层测试器下入到待测层段，进行不稳定试井，取得产层的产量、温度和井底开关井时间——压力关系曲线，并取得流体样品。通过分析解释，获得在动态条件下地层和流体的各种特性参数，从而可及时准确地对产层作出评价。

完井是油气井钻井工程最后的一个重要环节，主要包括钻开生产层、确定井底完成方法、安装井底及井口装置和试油。

第一节　钻井过程中油气层保护技术

在钻井、完井、井下作业及油气田开采全过程中，造成油气层渗透率下降的现象通称为油气层损害。

一、钻井过程中油气层保护

（一）钻井过程中油气层损害原因

钻井过程中，钻井液中固相颗粒的堵塞损害、钻井液滤液与油气层岩石不配伍、钻井液滤液与油气层流体不配伍、油相渗透率的变化、负压差的急剧变化等都会引起油气层的损害。

在钻井过程中，油气层损害程度不仅与钻井液的类型、组分和性能有关，而且随钻井液中固相、液相与地层岩石、地层流体的作用时间和侵入深度的增加而加剧。

（二）钻井过程中保护油气层措施

钻井过程中，针对钻井工艺技术措施中影响油气层损害的因素，可以采取降低压差，实现近平衡压力钻井，减少钻井液浸泡时间，优化环空返速，防止井喷、井漏等措施来减少对油气层造成的损害。具体措施主要有：

（1）建立地层孔隙压力、破裂压力、地应力和坍塌压力四个压力剖面，为井身结构和钻井液密度设计提供科学依据。

（2）确定合理的井身结构，为实现近平衡钻井提供基本保证。

（3）实现近平衡钻井，控制油气层压差处于安全最低值。

钻井过程中，将井内压差降到安全最低限的有效方法有：①对一般井来说，钻进时努力改善钻井液的流变性和优选环空返速，降低环空流动阻力与钻屑浓度；②起下钻时调整钻井液触变性，控制起下钻速度，降低抽吸压力；③对于地层压力系数小于0.8的低压油气层，可依据地层压力选用气体钻井液，降低压差，甚至采用负压差钻井，减少对油气层造成的损害。

（4）降低钻井液浸泡时间。浸泡时间是指钻开油气层后钻井液浸泡油气层的时间，它包括从钻入油气层开始到完井电测、下套管、注水泥以及处理井下复杂事故这一段时间。

为了缩短浸泡时间，应从以下几个方面入手：①采用优选参数钻井，提高机械钻速；②采用与地层特性相匹配的钻井液，加强钻井工艺技术措施及井控工作，防止井喷、井漏、卡钻、坍塌等井下复杂情况或事故的发生；③提高测井一次成功率，缩短完井时间；④加强管理，减少辅助工作时间和其他非生产时间。

（5）搞好中途测试。中途测试时，需根据地层特性选用负压差，同时防止负压差过大造成油气层微粒运移或泥岩夹层坍塌。

（6）搞好井控工作，防止井喷、井漏对油气层造成的损害。

（7）搞好多压力层系地层的油气层保护。许多裸眼井段存在多压力层系地层，钻进时不能采用近平衡钻井，井内压差对油气层所造成的损害难以控制。实践证明，减少这类地层油气层损害的有效方法有：

①对于上部存在大段易坍塌高压泥页岩的低压油气层，可依据上部地层的坍塌压力确定钻井液的密度，确保井壁稳定；同时在进入油气层之前，转用与油气层相匹配的屏蔽暂堵钻井液钻开油气层，防止下部油气层受到损害。

②对于裸眼井段上部为低压漏失层或破裂压力低，而下部为高压油气层，且孔隙压力超过上部破裂压力的地层，在进入高压油气层之前要进行堵漏，提高上部地层的承压能力，堵漏结束后进行试压，证明上部地层的承压能力与下部地层相当时，再钻开下部油气层。

③多层组高坍塌压力泥页岩与多层组低压易漏失油气层相间时，应提高钻井液的抑制性，降低坍塌压力，按降低后的坍塌压力来确定钻井液的密度；同时提高钻井液与油气层的配伍性，采用屏蔽暂堵钻井液技术，减少对油气层的损害。

(8) 搞好调整井保护油气层技术

①采用 RFT 测井、岩性密度测井、长源距声波测井或地层测试、电子压力计测压等方法，搞清调整井区的地层压力，建立孔隙压力和破裂压力曲线。

②对于裸眼井段均为低压层的井，可依据地层压力选用与油气层特性相匹配的各类低密度钻井液，实现近平衡钻井，同时为了提高堵漏效果，必要时在钻井液中加入各种暂堵剂。

③如果裸眼段是多压力层系，高压层是长期注水引起的，则应在钻调整井之前，停注泄压、控制注水量或停注停采，如个别井地层压力极高，可预先打泄压井，降低地层压力。

④如果高压层是原始的高压油气层，且裸眼段还存在压力系数相差较大的低压层，或高压层的孔隙压力超过其他地层的破裂压力，则应通过设计合理的井身结构来解决，或在钻开低压层后，进行预防性堵漏，提高地层的承压能力，防止钻进高压层时因钻井液密度的提高而发生井漏；或者在钻开高压层后，进入低压层之前，往钻井液中加入各种暂堵剂或堵漏剂，采取预防性的

循环堵漏；对于漏失油气层，无论是预防性堵漏或漏失后堵漏，所选用的堵漏剂需在油气井投产时应能用物理或化学方法进行解堵。

三、保护油气层固井技术

固井的主要目的是在套管和井壁之间形成均匀、完整、封固良好的水泥环。油气层套管固井是为了封隔各油气水层及夹层，防止油气水上窜，为各层组油气层分别投产或进行干作业创造条件。固井是钻井工程各项作业中最为重要的作业之一。固井作业对油气层的损害主要反映在水泥浆和固井质量对油气层损害两个方面。

（一）水泥浆对油气层造成的损害

水泥浆对油气层造成的损害有三个方面：

1. 水泥浆中固相颗粒对油气层造成的损害

水泥浆中固相颗粒的粒径较大，但粒径为 5～30 μm 的固相颗粒仍占 15%左右，而大多数砂岩的孔径为 30～100 μm，因此水泥浆中的固相颗粒有可能进入油气层，并在孔隙中水化固结，堵塞孔喉，造成损害，甚至造成永久性损害。

2. 水泥浆滤液对油气层造成的损害

固井作业中，一般情况下水泥浆液柱压力比钻井液的液柱压力要大，所以井内的压差大。另外，水泥浆的滤失量要比钻井液的滤失量大数十倍，即使加了降滤失剂，其滤失量也大于钻井液的滤失量，而且水泥浆滤液中含有多种离子（如 Ca^{2+}、Fe^{2+}、OH^-、CO_3^{2-}、Mg^{2+}、SO_4^{2-} 等），进入油气层后，会诱发多种损害的发生，降低油气层的渗透率。

3. 水泥浆中无机盐沉淀对油气层造成的损害

水泥浆在水化过程中游离和溶解出大量的无机离子，在静止状态下，由于水泥浆的 pH 值较高，这些离子以过饱和状态存在于液相中。但在固井过程中，液相中的无机盐离子随滤液进入油气层，由于条件的变化，这些无机盐离子将以结晶形式从液体中析出，产生沉淀，堵塞油气层孔喉，降低油气层渗透率，造成油气层损害。

（二）固井质量的好坏和保护油气层之间的关系

反映固井质量好坏的主要技术指标是环空封固质量的好坏。环空封固质量不好对油气层造成的损害如下：

(1) 环空封固质量不好，不同压力系统的油、气、水层相互干扰和窜流，易诱发油气层潜在损害因素，如无机垢和有机垢的沉淀堵塞损害、水锁损害、乳化堵塞、微粒运移等损害，从而对投产的油气层产生损害，影响产量。

(2) 环空封固质量不好，当油井进行增产、注水、热采等作业时，各种工作液会在井下各层中窜流，对油气层造成损害。如酸化压裂作业时，酸化压裂液窜入未投产的油气层而没能及时反排，就会对油气层造成损害；注水时，注入的水窜进未投产的水敏性油气层，会使油气层产生水敏性损害。

(3) 水泥与地层、套管胶结情况不好，形成环隙，会使油气窜至非生产层，造成油气资源的浪费。

(4) 固井质量不好易发生套管损害和腐蚀，引起油、气、水互窜，造成油气层损害。

（三）减少油气层损害的固井技术

衡量固井质量好坏的主要标准是：要求注水泥施工结束后能形成一个水泥与套管、水泥与井壁胶结强度高，油、气、水层封隔好、不窜、不漏的完整水泥环；同时还要满足油气层的需要，使油气层不受损害或少受损害。

要达到上面要求，必须加强以下几个方面的工作：

1. 降低水泥浆的滤失量

为了减少水泥浆中固相颗粒及滤液对油气层造成的损害，需要在水泥浆中加入降滤失剂，控制水泥浆的滤失量小于 250 mL（尾管固井时，控制滤失量小于 50 mL），不仅有利于保护油气层，而且是保证固井质量、提高环空层间封隔质量及顶替效率的关键因素。

2. 合理压差固井

在固井作业中，常因压差不合理对油气层造成损害。主要表现在：一方面，在注替水泥过程中，由于追求高泵速，加之水泥浆密度偏高、封固井段太长，造成压差过大而压漏地层，使水泥浆进入油气层对油气层造成损害；另一方面，压差过小，注替水泥浆过程中油、气、水层压不稳，造成在水泥浆候凝过程中出现窜槽和井喷。另外，在水泥浆候凝过程中，没有考虑水泥浆失重引起的环空压力降低，也能造成油、气、水窜流。因此，在固井过程中，要选择合理的环空压差，消除压差不合理造成的损害。

合理压差固井是指水泥浆在注替和候凝过程中，井眼与套管环空之间，钻井液和水泥浆产生的液柱总压力略大于地层压力，且不发生漏失和油、气、水窜流的固井。

实现合理压差固井技术的关键为：

(1) 搞好合理压差固井设计，合理压差固井设计要考虑和满足下列条件：①掌握准确的油气藏孔隙压力和地层的破裂压力；②水泥浆的流变性满足合理压差固井的要求；③固井过程中环空液柱静压加上流动摩阻要小于封固段内最低地层破裂压力、大于地层孔隙压力，同时要考虑水泥浆失重对压差的影响。

(2) 减少水泥浆的流动阻力。

(3) 合理选择液柱压力。

(4) 防止水泥浆失重造成的环空压力降低。

3. 提高水泥浆的顶替效率

注水泥过程中，钻井液能否被顶替干净是注水泥作业成功与否的关键。提高顶替效率是获得质量好的水泥环和进行层间有效封隔的主要技术措施。提高水泥浆顶替效率的方法有：

(1) 保证套管的居中度。在套管上加旋流式扶正器，使套管的居中度达到67%以上，同时有利于把大井眼和窄边的钻井液替走，提高注水泥的顶替效率。

(2) 活动套管。活动套管指在注替过程中进行上下和旋转活动，可以增加牵引力，使死区的钻井液易于被替走，但是活动套管要考虑井下复杂情况，斟酌而引。

(3) 改善水泥浆的流动性。在水泥浆中加入降阻剂，实现低流速下的紊流顶替，有利于提高顶替效率。

(4) 采用隔离液。在水泥浆和钻井液之间采用足够量（在环空中占 200～300 m）的隔离液，把水泥浆和钻井液分开，避免造成水泥浆和钻井液互相渗透；同时设计隔离液呈紊流状态，有利于把钻井液顶替干净，使环空中形成好的水泥环。

(5) 合理的接触时间。研究表明：主固段紊流的接触时间不低于 7～10 min 就可得到满意的顶替效率。

4. 防止水泥浆失重引起的环空窜流

水泥浆失重是水泥浆在环空中静止后，由于水泥浆发生物理化学变化而不能对地层传递有效压差的现象。其结果使水泥浆在初凝前已达不到保持等高水柱静压力的数值，造成油气水窜槽。

解决办法有：①先用水泥添加剂，改善水泥浆性能。如在水泥浆中加入防窜剂、在不渗透水泥中加入特殊的外加剂、使用可压缩水泥和触变性水泥等；②采取有效的技术措施：使用管外封隔器、使用双凝或多凝水泥浆、使用双级或多级注水泥技术等。

5. 采用屏蔽暂堵钻井液技术

钻开油气层时采用屏蔽暂堵钻井液技术，在井壁附近形成屏蔽环，不仅能阻止钻井液中固相颗粒和滤液进入油气层，也能阻止水泥浆中的固相颗粒和滤液进入油气层，在固井过程中起到保护油气层的作用。

第二节　中途测试

中途测试能迅速见到油气流，并可初步确定油气层压力和生产能力，从而采取合适的完井方法，以节约钻井成本。中途测试在探井中使用较广泛，这种方法是在钻穿之后立即进行测试，避免了钻井液对油气层的长期污染，有助于取得可靠的油、气、水资料，有助于提高探井的成功率，加快油气田的勘探速度。

一、常规地层测试

常规地层测试主要应用常规地层测试器等设备及工艺技术进行地层测试，常规地层测试器是指利用上提下放管柱实现坐封及井下开关井的地层测试工具。

（一）常规地层测试施工设计

主要内容有：①施工设计的内容和格式；②录取资料；③测试工作制度；④仪器仪表的选用（根据设计及录取资料的要求选用仪器仪表）；⑤测试管柱结构（测试管柱的内容包括测试管柱结构示意图及组成测试管柱的各部件名称、规格、数量、上下两端螺纹、内径、外径、长度、下井深度、方余等）的选用；⑥井口压力控制装置和地面流程（根据预测的井口流动压力、关井压力和产量选取井口压力控制装置、设计出地面流程）；⑦地面监测系统（根据需要设计地面监测系统）。

（二）技术要求

1．裸眼井坐封技术要求

（1）根据电测井径、钻时及岩屑录井资料，选择岩性致密、坚硬和井径规则的井段作为坐封井段。

（2）坐封井段的井径与封隔器胶筒外径之差不大于25 mm。

（3）坐封井段的长度不小于5 cm。

（4）支撑尾管的长度：①砂泥岩地层支撑尾管的长度不大于100 m；②其他岩性地层支撑尾管的长度不大于150 m。

2．套管井坐封技术要求

（1）封隔器要求：①封隔器坐封位置应尽量靠近油层顶部，避开套管接箍和喇叭口；②从封井段的套管内径与封隔器胶筒外径之差应为6～12 mm。

（2）跨隔测试跨距要求——按裸眼井和套管井测试要求：①裸眼井跨距不大于 30 m；②套管井跨距不大于 50 m。

（3）测试压差要求——按砂泥岩和其他岩性地层测试要求：①砂泥岩地层测试压差不大于 20 MPa；②其他岩性地层测试压差不大于 25 MPa。

（4）裸眼井测试总时间要求——按砂泥岩和其他岩性地层测试要求（不包括起、下测试管柱时间）：①砂泥岩地层应控制在 8 h 以内；②其他岩性地层应控制在 16 h 以内。

二、常规钻杆测试

钻杆测试是用钻杆或油管将封隔器、筛管、安全接头、反循环阀等井下工具和仪器组成的测试管柱下入测试层段，让封隔器膨胀坐封于测试层的上部，将其他层段和钻井液与测试层隔离开，然后由地面控制，将井底测试阀打开，因测试压差的作用，测试层段的地层流体经筛管的孔道和测试阀流入钻杆内，甚至流至地面。需要关井测压力恢复时，仍由地面控制，关闭测试阀即可关井。

（一）施工准备

1. 井眼准备

（1）对裸眼井进行通井，若遇阻，应充分划眼，要求起下钻畅通无阻。

（2）对套管井，通井、刮屑至坐封井段以下 20 m。

（3）钻井液或压井液：①采用优质钻井液或压井液，要求裸眼井段不出现坍塌、缩径现象；②充分循环井液或压井液，使其性能达到设计要求；③裸眼井测试，应在裸眼坐封井段的钻井液或压井液中加入不少于 200 mL 的液相防卡剂；④钻井液或压井液的配备量应不少于井筒容积的 1.5 倍。

（4）试探井底，要求井底无沉砂。

2. 测试设备准备

按施工设计要求，准备测试工具、地面设备、仪器仪表，并对其进行调试、检验。

（1）对动力设备、提升系统、循环系统及井控装置进行全面检查，其性能应达到要求。

（2）指重表应达到检定合格时的性能要求。

（3）检查下井钻具（油管）与接头，按要求通径且承压符合设计要求。

（4）丈量下井钻具（油管）和工具的长度，符合设计测试管柱要求，使封隔器坐封在设计位置。

（5）按设计要求准备钻铤，以备坐封加压和支撑尾管时使用。

（6）安装、固定井口压力控制装置、地面流程、地面监测系统，并按设计工作压力试压，稳压 15 min。

（7）对地面监测系统进行调试。

（8）测试施工人员向与测试施工有关的人员进行技术交底。

（二）施工步骤

（1）连接测试管柱：①组装、连接机械压力计；②若使用电子压力计，待编制工作程序后进行组装、连接；③按设计要求连接下井测试管柱。

（2）下测试管柱：①下测试管柱速度应不大于 0.5 m/s。下管柱遇阻超过 50 kN 时，应立即上提管柱，排除遇阻因素后下管柱；②下完测试工具后记录管柱的悬重；③按设计要求加测试垫；④下测试管柱的过程中，应检查管柱的漏失情况。

（3）计算自由点：坐封前应缓慢上提、下放管柱，分别记录管柱的悬重。

（4）坐封与验封：按设计要求坐封、验封。若封隔器未坐封，应分析原因，采取措施，重新坐封。

（5）开井求产和关井测压：开井求产和关井测压按设计要求进行。

（6）解封、反循环与起管柱：①测试开关井结束，上提管柱，待封隔器胶筒收缩后起管柱；②裸眼自喷井在解封后进行反循环，套管自喷井在解封前进行反循环，非自喷井在起管柱见液面后进行反循环；③起测试管柱时不允许转动井内管柱，控制起管柱速度，防止抽吸，及时向环空补充钻井液或压井液；④测试工具起出井口时，应卸松测试工具的连接螺纹。

(7) 现场取样（包括地面取样、取样器取样）要求：①地面取样两个，取样器取样一个；②气层测试，待产量稳定后取样两个，取样器取样一个；③若回收液为地层水，见液面取样一个，中部取样一个，多流测试器上部取样一个，取样器取样一个；④按设计要求做高压物性转样。

(8) 注明压力卡片的内容，包括：①井号；②测试层位；③测试井段；④压力计编号及量程；⑤压力计类别；⑥压力计下深；⑦计时器编号及量程；⑧温度计量程；⑨最高温度；⑩测试日期。

(9) 压力曲线节点的压力值（由钻杆测试压力卡片曲线上读取并计算出压力曲线各节点的压力值）。

(10) 电子压力计数据的回放（使用电子压力计，应回放并打印出电子压力计记录的资料数据及压力、温度曲线展开图）。

三、电缆地面直读测试

（一）地面直读常规测试

1. 施工准备

(1) 根据施工设计要求，选定车装或撬装设备、电缆测试工具、仪器仪表、井口防喷装置和辅助工具，并进行调试检查。

(2) 下电缆测试工具之前应通井，要求起下工具畅通无阻。

2. 现场作业

(1) 试井车或撬装设备应停放在距离井口 20 m 以外、侧风或上风方向，使电缆滚筒对正井口。

(2) 安装井口防喷装置，按设计工作压力试压，稳压

30 min。

（3）安装电缆指重表传感器和地滑轮。电缆在正常起下时，地滑轮处电缆夹角应为90°。

（4）下放电缆测试工具之前，应先测补心差，调整记数器，并在滚筒或电缆上作一个记号。启动供电设备，使计算机、电子压力计进入工作状态。

（5）下放电缆最大速度不大于50 m/min，每下放300 m应停留1 min，下放过程中应观察指重表的变化，一旦发现遇阻，应上下活动解阻，解阻后继续下放。按设计要求测压力梯度及温度梯度。

（6）电子压力计下至设计的位置后，关闭密封流管半封；测试过程中若密封流管封闭，井口压力失控，关闭电缆防喷器。

（7）根据设计和现场测试情况，对工作制度进行修正。

（8）井下采集数据及地面记录数据要求见SY/T 6337。

（9）在采集数据的过程中，对所测的资料应进行同步处理、解释。

（10）起电缆之前应首先打开密封流管半封，停留1 min，待橡胶块完全收缩后再上提电缆。

（11）上提电缆的速度不大于50 m/min。上起电缆测试工具至喇叭口处，速度应控制在18 m/min以内。若悬重突然增加，应上下活动解卡，上提拉力控制在电缆弱点许可的范围内。

（12）按设计要求测压力梯度及温度梯度。电缆起至距井口100 m处时，放慢上提速度，保持10 m/min，电缆起至距井口30 m处时，用人拉电缆，同时让滚筒缓慢回收电缆，当井口人员手拉电缆测试工具到达密封流管底部时，刹住滚筒。

（13）根据电缆下井前的记号、记数器回零以及手拉电缆测试工具在密封流管底部时的顶钻现象，确定下井电缆测试工具已过井口，关闭清蜡闸门三分之二后，再试探闸板，确定电缆测试工具全部进入防喷管后，关闭采油树总闸门，拆卸井口防喷装置、电缆测试工具以及辅助工具。

（二）地面直读对接测试

1. 施工准备

（1）检查并准备测试设备。

（2）测试管柱内应洁净、无堵塞物，保证电缆下井工具顺利对接。

（3）选用泵压式循环阀。

（4）下测试管柱时，电子压力计上部三根钻杆应加满无固相液垫。

（5）试井车或撬装设备定位。

（6）安装电缆指重表。

2. 对接测试

（1）下电缆前，深度计数器复位回零，在滚筒上电缆端部做一记号，记下电缆指重表此时的读数。

（2）启动供电设备，使计算机系统进入工作状态，此时电缆回路处于开路状态。

（3）下放电缆测试工具。

（4）当内对接接头距对接位置 30 m 时，下放速度应降为 10 m/min。当电缆指重表悬重下降，表明内、外对接头已接触；继续下入电缆 5～10 m，当电缆信号控制箱仪表计量显示正常电流与电压值时，电缆回路接通。刹车后再缓慢上提，当悬重逐渐增加大于对接前电缆悬重 900 N 时，立即刹住滚筒，对接成功。若电缆回路始终处于开路状态，缓慢上提电缆至对接前原悬重后，再上提电缆 5～10 m，然后以 20～50 m/min 的速度快速下放电缆，重复上述步骤，直至对接成功。

（5）对接成功后，待电子压力计及计算机系统录取压力、温度值稳定后再进行测试。

（6）测试过程中应根据设计和现场情况对工作制度进行调整。

（7）测试期间若密封流管对井口压力密封失控，关闭电缆防喷器。

（8）起出电缆测试工具，先脱开对接接头，下放电缆5～10 m，然后缓慢上提，当电缆提过原对接深度、悬重不大于原悬重时，电缆电流输出值为零，端电压为无穷大，此时对接接头已脱开。若对接接头未脱开，应稍快下放电缆10～15 m，电芯震击器产生冲量震击，使对接接头换位销换向；停留5～10 min后再缓慢上提电缆，起至对接深度以上；若仍未脱开，重复上述操作。

（9）经多次震击无效，对接接头仍不能脱开，调节液压油阀，增大油压上起电缆，将电缆从受力弱点处拉断。

（10）上起电缆。

3. 测试过程中车装或撬装动力设备使用要求

柴油发电机、液力发电机、供电动力控制箱、计算机系统、空气压缩机、电缆绞车和气动注脂泵应运转正常；所提供的电源电压为220～230 V，频率为47～50 Hz。

第三节　下套管固井

下套管是指当井钻至预定深度后需要固井时，把套管逐一连接下入井内的作业。而对所钻的油气井通过下套管注水泥以封隔油气水层加固井壁称为固井。

一、施工前的准备

1. 资料准备

下套管前应收集齐全井深结构、实际井深、钻具结构、造斜点位置、井斜及其方位、水平位移、井温、电测井径、钻井液性能、地层流体性质、裸眼段地质分层及岩性、井下工程情况等资料。

2. 井眼准备

（1）完钻井深达到钻井设计要求。

（2）井身质量符合设计要求。

（3）下套管前，应用原钻具下钻通井，要求：①通井到底，井眼畅通无阻。②按设计排量洗井，洗井时间不少于两个循环周。③设专人观察振动筛处岩屑返出情况，判断井壁是否稳定。④调整好钻井液性能，达到井口无溢流和不漏失；对于油水井，进出口密度一致；对于气井，进出口密度差小于 0.02 g/cm³，符合固井设计要求。⑤对于定向井、水平井、大位移井应分段循环，在全角变化率大的井段反复大幅度活动钻具，彻底清除岩屑床，到底后大排量循环钻井液并活动钻具；起钻前在大斜度井段、裸眼井段或水平井段注入含润滑剂的钻井液。

（4）在钻井过程中发生漏失的井或有潜在漏失层的井，下套管前应设法提高地层承压能力，使其满足下套管或注水泥期间的最高当量循环密度。

（5）下列井段应下钻重点扩划眼：①电测井径小于钻头直径井段；②起下钻遇阻、遇卡井段；③全角变化率超过设计规定的井段。

3. 套管及套管附件和下套管工具准备

（1）套管准备：①送井套管应符合套管柱设计要求，长度附加量不少于3%，并附有套管质量检验合格证。②套管运输过程和现场检验，按 SY/T 5396 的规定执行。③井场套管应整齐平放在管架上，码放高度不超过三层。④入井套管应使用标准通径规逐根通径，清洗螺纹，丈量长度，地质、工程人员应分别校核，确定入井套管的直径、钢级、壁厚、螺纹类型及长度无误。⑤严格按套管柱设计排列下井顺序并编号，编写下井套管记录，备用套管和不合格套管做出明显标记，与下井套管分开排放。⑥进行套管柱强度校核时，对于定向井、水平井、大位移井，还应计算套管柱弯曲应力和摩阻，考虑套管柱附加轴向载荷的影响，计算方法按 SY/T 5322 规定执行。

（2）套管附件准备：①送井套管附件应符合设计要求，并有质量检查清单；与套管柱相连接的螺纹应进行合扣检查。②下井套管附件应记录其主要尺寸和钢级，并将其长度和下井次序编入套管记录。③套管附件强度不应小于套管强度要求。④井斜大于45°的井段，应安装自动复位式浮箍（浮鞋）。⑤对于大斜度井，技术套管内斜井段应安放碳子扶正器，对于地层坚硬和井眼规则的裸眼井段也宜安放碳子扶正器。⑥对于大斜度井设计套管柱下部结构时，根据计算套管下入的摩阻和套管浮重决定是否采用漂浮接箍。

（3）下套管工具准备：①下套管工具应配备齐全，易损部件应有备用件。②送井工具应有质量检验合格证。③钻井工程人员对所有工具进行规格、尺寸、承载能力、工作表面磨损程度、液压套管钳扭矩表的准确性及套管钳使用灵活、安全可靠性的质量检查。

4. 设备和器材的准备

（1）应根据 SY/T 5322 的规定，校核下套管过程的钻机载荷。

（2）对地面设备进行检查，对不合格项及时进行整改，重点检查下列部位：①井架及底座；②提升系统：绞车、天车、游动滑车、大钩吊环、钢丝绳及固定绳卡等；③动力系统：柴油机、钻井泵、空气压缩机、发电机及传动系统等；④仪表：指重表、泵冲数表、泵压表及扭矩表等。

（3）更换防喷器闸板，使之与下井套管尺寸相符，并按规定试压合格。

（4）普通套管螺纹密封脂应符合 SY/T 5199 的规定，特殊螺纹密封脂应符合设计要求。

二、施工措施

1. 制定通井措施

通井深度、划眼要求、洗井排量、起下钻速度、短起下钻要求、泥浆性能及灌浆要求等。

2. 下套管措施

管串结构、套管下深、浮箍位置、磁性套管位置、扶正器要求（包括类型和用量等）、密封脂涂抹方法、下放速度、灌浆要求、复杂处理、开泵程序等。

3. 协作会讨论制定固井施工方案

水泥用量、密度及其他性能要求、排量、平衡压力固井计算、前后置液（类型、用量和性能）、顶替液处理要求等。

三、下套管作业

1. 交底协调

（1）下套管作业前应组织召开技术协调会，通报规定的内容。

（2）安排人员分工。

2. 套管柱的连接

（1）对扣前，螺纹应擦洗干净，并保持清洁。

（2）上钻台套管应戴好护丝，防止损坏套管螺纹。

（3）在碰压座以上一根套管及以下全部套管和附件的螺纹表面，应清洗干净并擦干，涂敷套管螺纹锁紧密封脂，其余套管在螺纹表面均匀涂敷套管螺纹密封脂。

（4）对扣时套管应扶正。开始旋合转动应慢，如发现错扣应卸开检查处理。

（5）采用套管钳上扣，标准圆螺纹套管及偏梯形螺纹套管的旋合扭矩应符合有关规定，使用锁紧密封脂时，旋合扭矩值可适当增加，但不宜超过规定最大值的25%。

（6）特殊螺纹套管连接办法以套管制造商推荐做法为依据。

（7）下套管过程应记录套管实际旋合扭矩值或余扣值。

（8）直径大于或等于244.5 mm的套管，下套管时宜采用套管卡盘。

3. 套管附件与套管柱的连接

（1）套管附件与套管柱的螺纹连接，其旋合要求应符合规定。

(2) 套管扶正器的安装按规定执行。

(3) 特殊专用附件应依照产品说明书，按下套管措施的要求进行安装、连接和操作。

(4) 套管连接的所有部位不允许电焊。

4. 套管柱下放

(1) 套管柱上提下放应平稳。上提高度以刚好打开吊卡为宜，下放坐吊卡（卡瓦）时应减少冲击载荷。

(2) 控制套管柱下放速度，主要以环空返速、地层承压等参数来确定。

(3) 装有普通型浮箍（浮鞋），应按下套管技术措施和固井设计要求及时向套管内灌满钻井液。

(4) 装有自灌型浮箍（浮鞋），一旦发现自灌装置失效，立即按有关规定执行。

(5) 对于下漂浮接箍的井，中途如果无异常情况不应循环钻井液。

(6) 下套管过程中，应缩短静止时间，如套管静止时间超过5 min，应活动套管，套管活动距离应不小于套管柱伸缩量的两倍。

(7) 下套管时应专人观察和记录井口钻井液返出情况，记录灌钻井液后悬重变化情况，如发现异常情况，应采取相应措施。

(8) 套管下完的深度达到设计要求，复查套管下井与未下井根数是否与送井套管总数相符。

(9) 下完套管必须先灌满泥浆，再接循环接头，采用小排量顶通，待返出正常再逐步加大到固井要求的排量，循环洗井2～3周方可固井。整个循环洗井期间，司钻必须注意观察压力变化情况，如发现泵压忽高忽低或井漏等情况，应立即摘泵，改用小排量循环，以判断井下情况；泥浆人员加强性能检测，有气侵的井，应当加重，达到压稳密度，保证固井安全。

(10) 泥浆性能的处理按固井协作会的要求进行，严禁大量使用清水，应以药品维护为主。

(11) 认真清点剩余套管，并戴好护丝。计算联入，准备好垫高物。及时组织清理井场，为固井施工摆放车辆提供方便。同时按固井协作会要求备足与水泥化验用水一致的水源。

四、固井工艺

1. 提高固井质量

包括以下方面：①改善水泥浆性能；②依据地层孔隙压力和破裂压力，选用水泥浆密度，控制合理压差，严防固井过程发生油气侵和井漏；③提高顶替效率；④防止水泥浆失重引起环空窜流；⑤推广应用注水泥计算机辅助设计软件。

2. 降低水泥浆滤失量

为了减少水泥浆固相颗粒及滤液对油气层的损害，需在水泥浆中加入降滤失剂，控制滤失量小于 250 mL。

3. 采用屏蔽暂堵钻井液技术

(1) 固井设备：根据施工要求配备。

(2) 注水泥施工工艺

1) 准备工作

①配浆质量控制：按设计要求规定配制水泥浆，应达到设计密度，且浆体均匀稳定，不发生沉降。

②注入水泥浆：a. 水泥浆量：水泥浆数量计算按施工设计执行，施工做到计量准确。b. 前置液：按施工设计执行，施工做到计量准确。

③顶替与碰压：顶替排量应满足环空水泥浆设计要求的上返速度，钻杆胶塞与尾管胶塞碰合时应降低顶替排量，达到平稳碰合而剪断尾管胶塞销钉。复合胶塞行至阻流环（浮箍或球座接头）前，剩余替量为 1.0～1.5 m^3 时，降低排量使平稳碰压。突增压力控制在 3～5 MPa 范围内，碰压后应稳压 3～5 min 后再泄压，记录泄压时的返出量和压力下降值。确定尾管回压密封可靠

后，方可从尾管悬挂器中提出中心管。

④冲洗超量水泥浆：一般采用正循环进行冲洗。对尺寸较大的外层套管和不易发生漏失的井，可采取反循环冲洗。冲洗后应起出井下全部钻具，并灌好钻井液。如需保压候凝，应保证井下钻具周围无残留水泥。

2）钻水泥塞

①钻水泥塞时间：尾管顶部水泥石抗压强度大于3.5 MPa时，方可进行尾管钻水泥塞作业。

②钻上层套管内水泥塞：钻除上层套管内的残留水泥石，应准确丈量下入钻具的长度，使用与上层套管内径相匹配的钻头或磨鞋。不得因钻塞深度错误而损坏悬挂器座环，或未彻底清除残留水泥石。

③钻尾管内水泥塞：钻除座环内残留水泥及悬挂器内密封环套等，应使用与尾管内径匹配的钻头或磨鞋，按设计要求钻至规定井深。

3）尾管固井施工设计

①设计原则。a. 确保尾管的有效悬挂、注水泥和顶替施工正常及送入钻具安全起出。b. 水泥环质量应符合规定。

②设计内容。a. 尾管柱强度设计：尾管柱强度设计应符合相关规定。b. 尾管串结构设计：尾管串结构设计应符合相关规定。

③尾管水泥浆设计。a. 水泥量计算按相关规定执行。b. 水泥浆性能设计：（a）按相关规定执行；（b）稠化时间应为从配浆开始至中心管提出悬挂器并冲洗超量水泥返出地面后的时间，再附加1.0～2.0 h；（c）确定井底最高循环温度与压力，以进行稠化时间试验；（d）测定水泥浆游离水，其值应不大于3.5 mL。

④尾管注水泥设计。尾管注水泥设计应按作业规定执行。

4）尾管悬挂器及其尾管串组成部件

①尾管悬挂器类型的选择。依据井下情况，按规定选用尾管

悬挂器。

②尾管串结构。a. 结构组成：采用液压式悬挂器，其尾管串结构包括以下部件：浮（引）鞋、浮箍、球座接头（包括控球装置）、短套管（磁性定位短接）和悬挂器，还包括扶正器、尾管胶塞及钻杆胶塞等附件。采用机械式悬挂器，其尾管串结构除不使用球座接头外，其余部件与液压式悬挂器尾管串结构相同。b. 送入钻柱：由钻杆与配合接头组成的送入钻柱，通过送放接头与悬挂器座环内的左旋螺纹连接。c. 扶正器安置：除执行 SY 5334 的规定外，在与悬挂器相连接的第 1 根套管上及尾管与外层套管鞋处，各增设 1 只扶正器。d. 回压密封：设置尾管串附件，应不少于两道回压密封和尾管胶塞碰压后形成的附加密封。e. 附件材质：与尾管串相连的部件，其钢级、强度均不小于相接的套管，内径应等于或大于相接套管内径。内装组件应具有较好的可钻性。

5）尾管注水泥施工前的准备

①井眼与送入钻柱的检查与准备。a. 尾管作业设计参数的检查。b. 上层套管及送入钻柱检查：依据施工规定，采用刮管器对上层套管内孔进行通试检查。刮管器在尾管悬挂位置的上下 20 m 反复刮壁不少于 3 次。采用通径规对送入钻柱内孔进行通径检查。

②悬挂器及管串附件检查。a. 按产品使用说明书及其性能指标进行规定项目的测量与检查。b. 进行中心管与悬挂器的环空耐压试验。c. 送放接头的左旋螺纹与悬挂器左旋螺纹的磨合及合扣。d. 测量并记录悬挂器原始状态时最大外径及卡瓦上行至锥套后的最大外径。

③裸眼井段准备。a. 钻井液性能应符合 SY/T 5475 中 6.3 条的规定，井下无油、气、水浸，无阻卡、垮塌及漏失，起钻前循环钻井液不少于 2 周。b. 按设计进行划眼与短起下钻。c. 完钻井深应保证尾管鞋距井底有 2～10 m 的口袋。

6）下尾管和坐挂程序

①下尾管。a. 套管下放速度：按操作规定执行，严格控制下放速度。b. 螺纹连接：螺纹连接处使用合格的螺纹密封脂；螺纹连接时，应达到规定的扭矩，其中送放接头与悬挂器左旋螺纹连接采用450 ram链钳，以一人力上紧为准。c. 送下尾管：锁紧转盘，送下尾管过程中严禁转动管柱，悬挂器通过井口装置时，缓慢下放，防止碰撞，保护好卡瓦及连杆装置；轨道式及J型槽悬挂器，下放过程中发生中途坐挂，可重新提动，使卡瓦连杆置于短槽内。d. 钻柱上提与转动规定：液压式及J型槽悬挂器：允许送入钻柱有较大的上下活动范围，但不允许转动，其中J型槽悬挂器中途严禁上提后又反转。轨道式悬挂器：钻柱上提高度小于0.3 m，不允许转动。e. 灌浆与中途循环：送下尾管灌浆按施工要求执行，尾管送至设计井深，灌满钻井液后并核对悬重，中途循环应先灌满钻井液。f. 探井底与循环：尾管送至设计尾管鞋井深后，应再多下放一个“回缩距”的长度以探底，探底后应立即将尾管提至设计尾管鞋井深。尾管置于设计深度后，先小排量开通，然后逐渐加大排量恢复循环，记录排量与压力变化情况，液压式悬挂器应控制排量，使液缸处泵压值小于液缸锁钉剪断压力；机械式悬挂器在循环时禁止活动钻柱。

② 尾管坐挂。a. 液压式悬挂器：（a）置尾管于设计井深，先小排量循环破坏钻井液结构力，然后停泵投入座球。（b）待座球到达球座接头后，由一台水泥车小排量泵入，逐渐提高泵压，最大压力应小于球座销钉剪断压力。剪断液压缸销钉，使卡瓦上行至锥体最大直径位置。（c）继续下放钻柱，进行坐挂，下放长度相当“回缩距”。悬重减轻为尾管浮重时，则坐挂成功。应继续下放钻柱，在送放接头上施加2～5 kN重量。（d）提高泵压，剪断球座销钉，恢复井下循环。b. 轨道式悬挂器：（a）尾管下至设计井深，上提钻柱超过转向所需长度后，再下放钻柱。卡瓦进入长槽，并上行至锥体，实施坐挂。（b）继续下放钻柱，

下放长度相当“回缩距”。悬重减轻相当于尾管浮重时，则坐挂成功。最后施加 2～3 kN 重量于送放接头上，恢复井下循环。c.J 形槽式悬挂器：尾管下至设计井深后，上提钻柱 0.1～0.3 m，使换向销置于 J 形槽上端，反转钻柱 30°～50°，则销钉置于长槽。下放钻柱，实施坐挂。

③复杂情况下的坐挂。对于易黏卡的复杂情况，应先坐挂后循环处理钻井液。某些情况亦可在循环条件下进行坐挂，对尾管已黏卡，坐挂的判断以送入钻柱悬重为依据。

五、固井质量检查

按作业施工规定执行，应先进行测井检查胶结质量后，方可进行试压。试压如有泄漏，应挤水泥，直至试压合格。如对尾管试压需较高压力时，应使用封隔器，以保护上层套管不受损害。

1. 固井质量基本要求

①达到地质、工程设计要求；②表层套管、技术套管能满足正常的钻井生产与井控需要（安装防喷器）；③油层套管能经受合理的射孔、酸化、压裂考验，满足正常条件下的注水、油气开采需要；④套管串结构按设计排列入井。

2. 表层套管固井质量要求

①套管下至设计深度，套管鞋与井底的裸眼口袋长度不大于 2 m；②水泥浆返至地面，或经补救返至地面；③安装防喷器的表层套管必须按工程设计要求试压；④水泥塞长度不小于 10 m。

3. 技术套管固井质量要求

①采用原井眼尺寸的裸眼口袋，其长度不大于 3 m；若采用小一级井眼尺寸的裸眼口袋，其长度不大于 18 m。②固井后套管试压，试压液为清水，套管内为完井液。套管试压应符合表 5-1 的要求。③水泥塞长度为 10～30 m。④对于安装防喷器或挂尾管的技术套管，根据甲方或设计要求确定是否测水泥封固质

量。若测水泥封固质量，则封固长度必须达到设计长度的 80%以上，其中合格以上的封固段应占封固长度的 60%以上。

表 5-1　固井后套管试压要求

<table>
<tr><th rowspan="3">套管规范</th><th colspan="2">试压压力（MPa）</th><th rowspan="3">30 min 允许降压（MPa）</th></tr>
<tr><th colspan="2">井口防喷器</th></tr>
<tr><th>未装</th><th>安装</th></tr>
<tr><td>177.8～193.7</td><td>≥15.0</td><td rowspan="3">按标准 SY/T 6426—1999 进行</td><td>≤0.5</td></tr>
<tr><td>219.1～244.5</td><td>≥10.0</td><td>≤0.5</td></tr>
<tr><td>273.0～339.7</td><td>8.0～10.0</td><td>≤0.5</td></tr>
</table>

4. 油层套管固井质量要求

①套管扶正器安装按标准进行，固井后套管试压要求见表 5-1；②油底以下井眼长度见表 5-2；③水泥返高封过油层顶部不少于 50 m，其中连续合格水泥环不少于 20 m；④人工井底距油气层底界不少于 15 m；⑤阻流环距套管鞋不少于 10 m；⑥固井后，套管内及套管外环形空间不冒油、气、水；⑦固井后套管试压，试压液为清水，套管内为钻井液。套管试压应符合表 5-3 的要求；⑧水泥封固质量经声幅测井曲线检查，封固井段符合“合格”要求；⑨完井井口安装按标准 Q/JS 0336—2000 执行。

表 5-2　油底以下井眼长度

井深（m）	≤1500	≤2800	≤4000	>4000
油底以下井眼长度（m）	35	45	55	60

表 5-3　油层套管试压要求

套管规范	试压压力（MPa）			30 min 允许降压（MPa）
	油井、生产井	注水井	气井	
127.0～193.7	15.0	15.0～20.0	>20.0	0.5
219.7～244.5	10.0	12.0	≥15.0	0.5

5. 水泥环质量鉴定

(1) 水泥环质量鉴定采用声幅测井曲线（CBL）和变密度测井曲线（VDL），以声幅测井曲线为主。当用声幅测井曲线不能明确鉴定时，可用变密度测井曲线对照鉴定。

(2) 声幅检查应在注水泥碰压后 24～48 h 内进行，特殊固井（尾管、分接箍、长封固段、缓凝水泥、低密度水泥等）声幅测井时间依据具体情况而定。

(3) 水泥环质量鉴定以声幅测井（CBL）钻井液段声幅值100%为基础，根据声幅相对值分为“优质”、“合格”、“不合格”三类：

1) 声幅值在 15%以内为“水泥环质量优质”。

2) 声幅值在 15%～30%之间（低密度水泥声幅≤40%）为“水泥环质量合格”。

3) 声幅值大于 30%为“水泥环质量不合格”（低密度水泥封固声幅值>40%为不合格）。

(4) 变密度测井（VDL），水泥环质量鉴定根据其胶结指数（BI）也分为“优质”、“合格”、“不合格”三类：

1) 胶结指数在 0.8～1.0 之间为“水泥环质量优质”。

2) 胶结指数在 0.6～0.8 之间为“水泥环质量合格”。

3) 胶结指数小于 0.6 为“水泥环质量不合格”。

6. 隔层封固质量鉴定

隔层封固质量根据油、气、水层层间距离及封固情况，分为“优质”、“合格”、“不合格”三类：

(1) 层间距离大于 5 m 的，有连续 3 m 以上的水泥环质量优质；层间距离在 3～5 m 之间的，有连续 2.5 m 以上的水泥环质量优质；层间距离小于 3 m 的，有占其厚度 80%以上的水泥环质量优质，符合上述要求的为“隔层封固质量优质”。

(2) 层间距离大于 5 m 的，有连续 3 m 以上的水泥环质量合格；层间距离在 3～5 m 之间的，有连续 2.5 m 以上的水泥环质量合格；层间距离小于3 m的，有占其厚度80%以上的水泥环质量合格，符合上述要求的为“隔层封固质量合格”。

（3）不符合第二条要求的为“隔层封固质量不合格”。

7. 固井质量鉴定

（1）固井质量优质

1）在油层顶界以上设计封固段内至少有连续长度20 m井段水泥环质量优质。

2）在油层顶界以下，油层与水层、气层与水层之间的隔层封固质量优质。

3）在设计封固段内，水泥环质量优质段占其段长的70%以上。

（2）固井质量合格

1）在油层顶界以上设计封固段内至少有连续长度20 m井段水泥环质量合格。

2）在油层顶界以下，油层与水层、气层与水层之间的隔层封固质量合格。

3）在设计封固段内，水泥环质量合格段占其段长的70%以上。

第四节　油气井完井方法

我国采用的完井方法一般分套管完井和裸眼完井两大类。套管完井包括套管射孔完井和尾管射孔完井；裸眼完井包括先期裸眼完井、后期裸眼完井、筛管完井和筛管砾石充填完井。

一、常用完井方法

1. 套管射孔完井

钻穿油层后，下入生产套管并在环形空间注水泥，用射孔器射穿套管、水泥环和部分产层，构成井筒与产层的通道。

（1）使用条件：套管射孔完井对多数油气藏都适用，是国内外最为广泛使用的完井方法。

（2）技术要求：①套管串中要有短套管，便于用磁定位测井校正射孔深度。短套管的下入深度一般在油气层顶界5～20 m的范围内；②在条件允许时，套管接箍、扶正器、刮泥器和套管其他附件应避开油气层；③阻流环至油气层底界的距离不小于15 m；④套管鞋至井底距离不小于1 m，正常情况下不大于3 m；⑤阻流环以下套管内水泥塞高度不小于20 m。

2. 尾管射孔完井

技术套管下至油层顶界，钻开油层后下入尾管并悬挂在技术套管上，经注水泥和射孔后构成井筒与井底的通道。

（1）使用条件：尾管射孔完井一般用于较深的油气井，不但便于水泥上返，还减少套管、油井水泥用量和施工作业量，降低钻井成本。

（2）尾管悬挂器的技术要求：①悬挂负荷能力应为尾管串重量的1.5倍以上；②倒扣装置工作可靠，操作方便；③积压密封件性能良好，注水泥作业能顺利进行；④必要时，悬挂器上装套管回接装置。

（3）尾管串的技术要求：尾管与上层套管重复段长度不小于50 m。

（4）尾管注水泥的技术要求：①水泥浆的API标准失水量控制在100 mL/30 min以下；②注水泥完毕及时冲洗悬挂器以上井筒的水泥浆，防止送入钻具被卡；③尽可能采用卸压候凝。

3. 先期裸眼完井

先期裸眼完井是在油层顶部下入技术套管并固井，然后钻开产层试油投产。

（1）使用条件：①产层物性一致，无气顶、夹层水和底水；②一般情况下，井壁坚固稳定不坍塌；③能卡准地层，准确地在油气层顶界下入套管；④适用于裂缝性和稠油油层等产层。

（2）技术要求：①进入产层前下入技术套管，套管鞋坐于硬地层上；②技术套管固井质量合格；③使用优质钻井液和平衡钻井技术，尽快钻完裸眼井段，减少钻井液对产层的损害。

4. 后期裸眼完井

后期裸眼完井是在钻穿产层以后，将生产套管下至产层顶部注水泥完井。

(1) 使用条件：①油层物性基本一致，不含水，无气顶；②一般情况下井壁坚固稳定、不坍塌；③一般用于地质分层掌握不够准确的探井。

(2) 技术要求：①生产套管注水泥时，防止水泥浆损害套管鞋以下的产层，通常采取的措施是在生产层井段垫入低失水高黏切的稠钻井液，防止水泥浆下沉或置换而进入产层。有条件时，应在生产套管下部装注水泥接头和管外封隔器（或水泥伞），以注入和承托环形空间的水泥浆。②生产套管固井质量合格。③若产层是高压油气层，下套管和注水泥均需有可靠的防喷措施。④在正常情况下，不提倡使用后期裸眼完井。

二、完井方法选择

在制定钻井设计过程中，应以满足勘探开发的需要，提高最终采收率和获得最长的油井寿命为目的，对产层的物性、开采方式和综合经济指标进行分析对比，合理地选择完井方法。选择原则是：

(1) 最大限度地保护油气层，防止对油气层造成损害。

(2) 减少油气流入井筒的阻力，提高完善系数。

(3) 有效封隔油气水层，防止各层之间互相窜扰。

(4) 克服井塌或油层出砂，保障油气井长期稳产，延长生产期限。

(5) 可以实施注水、压裂、酸化等特殊井下作业，便于修井。

(6) 工艺简便易行，施工时间少，成本低，经济效益好。

第六章　井控设备与井控技术

第一节　井控设备

井控设备是指实施油气井压力控制所需的一整套设备、仪器仪表和专用工具。

一、油气钻井井控设备的安全配套标准

为了满足油气井压力控制的要求，井控设备必须能在钻井过程中对地层压力、地层流体、钻井主要参数、钻井液参数等进行准确地监测和预报；当发生溢流、井喷时，能迅速控制井口、节制井眼中流体的排放，并及时泵入压井钻井液使之在维持稳定的井底压力条件下重建井底与地层之间的压力平衡。即使发生井喷失控乃至着火事故，也具备有效的处理条件。因此标准配套的井控设备应由以下主要部分组成。

(1) 以液压防喷器为主体的钻井井口，又称防喷器组合。其主要包括：①液压防喷器；②套管头；③四通；④过渡法兰。

(2) 液压防喷器控制系统。其主要包括：①司钻控制台；②远程控制台；③辅助遥控控制台。

(3) 以节流管汇为主的井控管汇。其主要包括：①节流管汇及液动节流阀控制箱；②放喷管线；③压井管汇；④注水管线；⑤灭火管线；⑥反循环管线。

(4) 钻具内防喷工具。其主要包括：①钻具止回阀；②方钻杆上、下旋塞；③投入式止回阀；④旁通阀。

(5) 以监测和预报地层压力异常为主的井控仪器仪表。其主要包括：①钻井液返出温度监测报警仪；②钻井液密度监测报警仪；③钻井液返出流量监测报警仪；④钻井液循环池液面监测报警

仪；⑤起钻时井筒液面监测报警仪；⑥泵冲等参数的监测报警仪。

（6）钻井液加重、除气、灌注设备。其主要包括：①钻井液加重设备；②钻井液气体分离器；③常压式或真空式钻井液除气器；④起钻自动灌钻井液装置。

（7）井喷失控处理和特殊作业设备。其主要包括：①不压井强行起下管串加压装置；②自封头、旋转防喷器；③灭火设备；④拆装井口设备及工具。

井控设备的遥控方式可采用液动、气动或电动遥控。现场主要采用气控（机械钻机或电动钻机）和电控（电动钻机）。

二、液压防喷器组合

液压防喷器组合选择包括压力级别、公称尺寸（通径）、组合形式及控制系统的控制点数的选择等。选择液压防喷器组合应考虑的因素主要有：井的类别、地层压力、套管尺寸、地层流体类型、人员技术状况、工艺技术要求、气候影响、交通条件、物资供应状况以及环境保护要求等。总之，应能实现平衡钻井，确保钻井安全和节省钻井费用。

1. 压力级别的选择

液压防喷器组合的工作压力取决于所用套管的抗内压强度、套管鞋处裸眼地层的破裂压力和预计所承受的最大井口压力。但主要是根据防喷器组合预计承受的最大井口压力来决定。

防喷器压力级别共有六种：14 MPa、21 MPa、35 MPa、70 MPa、105 MPa、140 MPa。

2. 通径的选择

防喷器组合的通径取决于井身结构设计中的套管尺寸，即必须略大于所连套管的外径。

防喷器通径共有九种：180 mm、230 mm、280 mm、346 mm、426 mm、476 mm、528 mm、540 mm、680 mm。其中现场常用的有 230 mm、280 mm、346 mm、540 mm。

3. 组合形式的选择

选择组合形式主要根据地层压力、钻井工艺要求、钻具结构及设备配套情况。

14 MPa 防喷器组合有四种形式供选择（见图 6-1），21 MPa 和 35 MPa 防喷器组合有两种形式供选择（见图 6-2），70 MPa 和 105 MPa 防喷器组合有两种形式供选择（见图 6-3）。

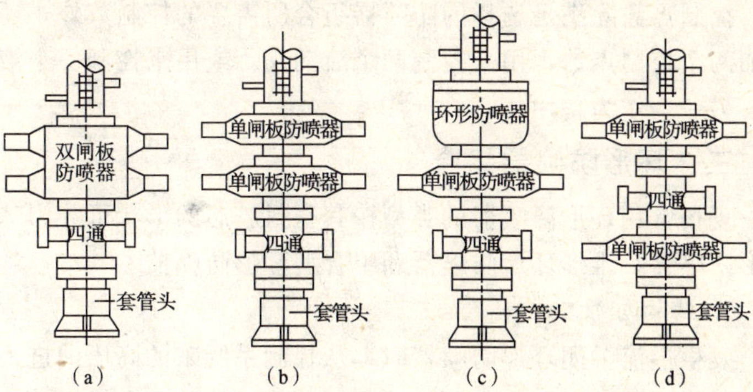

图 6-1　14 MPa 防喷器组合图

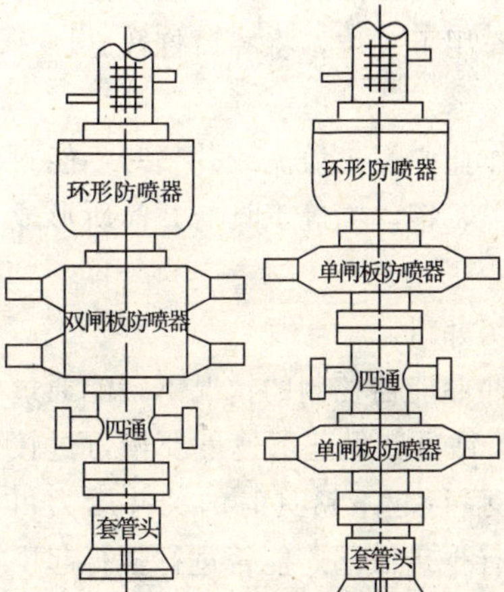

图 6-2　21 MPa 和 35 MPa 防喷器组合图

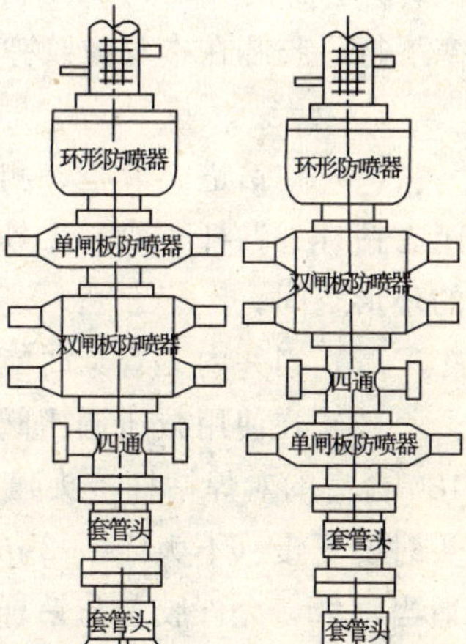

图 6-3　70 MPa 和 105 MPa 防喷器组合图

为了安全起见，各种组合形式应配备1～2个钻井四通。钻井四通有两个主要作用，一是便于连接井控管汇，二是保护防喷器，延长其使用寿命。

4. 控制系统控制点数的选择

控制点数除满足选择的防喷器组合所需要的控制数外，还需增加两个控制点数，用来控制两个液动阀，或用来控制一个液动阀，另一个作为备用。

三、环形防喷器组合

现场常用环形防喷器的类型按其密封胶芯的形状可分为球形环形防喷器、锥形环形防喷器和组合型环形防喷器。

1. 结构与原理

发生溢流关闭环形防喷器时，从控制系统来的高压油进入关闭腔，推动活塞上行，在顶盖的限制下，迫使胶芯向心运动，支撑筋相互靠拢，将其间的橡胶挤向井口中心，实现密封钻具，或全封井口。打开时，从控制系统来的高压油进入开启腔，推动活塞下行，胶芯在本身橡胶弹性力作用下复位，将井口打开。

2. 功能

(1) 在钻进、取心、测井等作业中发生溢流或井喷时，能封闭方钻杆、钻杆、取心工具、电缆、钢丝绳等工具与井筒所形成的环形空间。

(2) 当井内无管具时能全封闭井口。

(3) 在使用减压调压阀或缓冲储能器控制的情况下，能通过180台肩的对焊钻杆接头强行起下钻具，但起下速度要慢，过接头时要更慢（不大于0.2 m/s），强行起下钻具时的关井压力可适当降低，允许胶芯与钻杆之间有少量泄漏。能否进行强行起下钻具作业还必须考虑井下情况和安全施工的条件。

3. 使用安全技术要求

(1) 在防喷器现场安装后，应按最新试压标准进行现场试压。

(2) 进入目的层后，每起下钻两次，要试关防喷器一次以检查封井效果。如发现胶芯失效或其他问题，应立即更换处理。

(3) 在井内有钻具发生井喷时，可先用环形防喷器控制井口，但尽量不做长时间封井。一则因为胶芯易过早损坏，再则无锁紧装置。非特殊情况，不做封闭空井。封闭空井时最大井压为额定工作压力的一半。

(4) 防喷器处于封井状态时，允许上下活动钻具，但不允许旋转钻具。同样在钻具转动时，不允许关闭防喷器，以防胶芯磨损。

(5) 严禁打开环空防喷器来泄掉井口压力，以防刺坏胶芯。

(6) 每次打开后，必须检查胶芯是否全开，以防挂坏胶芯。

(7) 防喷器的开、关应使用符合标准的液压油，并注意保持其清洁。

(8) 推荐防喷器最大控制压力为10.5 MPa。

(9) 胶芯的存放：根据新旧程度按时间顺序编号，先旧后新，依次使用；存放在光线较暗又干燥的室内。温度不能太高，应避开取暖设备和阳光直射；远离有腐蚀性的物品；远离高压带电设备，以防臭氧腐蚀；应让胶芯在松弛状态下存放，严禁弯曲、挤压和悬挂；经常检查，如发现有变脆、龟裂、弯曲、出现裂纹者不再使用。

四、闸板防喷器

闸板防喷器按闸板用途可分为全封、半封、变径、剪切和线缆闸板；按闸板腔室可分为单闸板、双闸板、三闸板。

1. 原理

当控制系统高压油进入闸板防喷器左右液压关闭腔时，推动活塞带动闸板轴及闸板总成沿着室内导向筋限定的轨道分别向井口中心移动，实现关井动作。当控制系统高压油进入闸板防喷器左右液压开启腔时，推动活塞带动闸板轴及闸板总成分别向离开井口中心方向移动，实现开井动作。闸板开关由控制系统三位四通换向阀控制，一般在3～8 s内完成开井或关井动作。

(1) 液压油流动路线。关闭时：液压油经壳体关闭油口→壳体油路→铰链座→侧门油路→液缸油路→缸盖油路→液缸关闭腔。开启时：液压油经壳体开启油口→壳体油路→铰链座→侧门油路→液缸开启腔。

（2）密封功效。闸板防喷器要有四道密封起作用，才能有效地封闭井口，即：前密封——闸板芯子前缘与钻具之间的密封；顶密封——闸板芯子顶部与壳体内台阶之间的密封；侧密封——壳体与侧门之间的密封；轴密封——闸板轴与侧门之间的密封。

2. 功用

（1）当井内有钻杆、油管和套管发生溢流或井喷时，能封闭相应管材与井筒形成的环形空间。

（2）井内无管具时，能全封闭井口。

（3）特殊情况下可通过壳体旁侧法兰出口进行钻井液循环和节流压井作业。

（4）在特殊情况下剪切闸板可切断钻具，达到封井的目的。

（5）必要时管子闸板还可以悬挂钻具。

3. 闸板锁紧装置

（1）手动锁紧装置。手动锁紧装置是靠人力旋转手轮来关闭和锁紧闸板的。其作用：一是长期封井时，在液压关闭闸板后将闸板锁定在关闭位置，此时可泄掉液压；二是控制系统无油压时，可用来手动关闭井口。锁紧时要顺旋到位，回旋半圈；解锁时要逆旋到位，回旋半圈。

（2）液压自动锁紧装置。液压自动锁紧装置是通过装于主活塞内的锁紧活塞和装于活塞径向四个扇形槽内的四个锁紧块来实现的。当液压油作用于关闭腔时，同时推动主活塞和锁紧活塞向闸板关闭方向运动，由于锁紧块内外圆周上都带有一定角度的斜面，内斜面与锁紧活塞斜面相接触，使得锁紧块在锁紧活塞的推动下始终有向径向外部运动的趋势。一旦主活塞到达关闭位置后，锁紧块在锁紧活塞的径向承力作用下向外运动 7 mm 而座于液缸台阶上，锁紧块外斜面与液缸台阶斜面相接触，用时锁紧活

闸板芯子尺寸与井下钻具尺寸是否一致；检查各放喷、压井、节流管是否连接好。

(4) 闸板防喷器安全使用技术要求：防喷器的使用应有专人负责，明确岗位职责，做到三懂四会（懂操作原理、懂设备性能、懂工艺流程；会操作、会维修、会保养、会判断处理故障）；当井内无管具试验关闭半封闸板时，最大液控油压不能超过3 MPa，以免损坏胶芯。当井内有管具时，严禁关闭全封闸板防喷器；井场至少备有一套井内所用的闸板，一旦需要可及时更换；进入目的层后，每天开关闸板一次，检查开关是否灵活，锁紧装置是否好用。每次起完钻后还应做全封闸板开关试验；不允许用打开防喷器的方法来泄掉井口压力，以免损坏胶芯；锁紧与解锁必须到位，以免锁不紧闸板或起下钻时碰坏闸板；开关侧门前应泄掉液控油压，以免损坏铰链密封圈；长期封应用锁紧装置锁定闸板，并挂牌显示，以免误操作。

五、液压防喷器控制系统

1. 结构

防喷器控制系统主要有远程控制台、司钻控制台和辅助控制台。远程控制台位于井口侧前方 25 m 以远的安全处，主要有储能器组、油泵组、阀件及管汇、油箱及底座；司钻控制台位于钻台上司钻操作台后侧，主要有阀件、压力表及壳体；辅助控制台位于值班房内，作为应急备用。

2. 工作原理

控制系统预先用油泵给储能器打满和储备好足够压力、足够数量的压力油。一旦需要，可通过相应三位四通换向阀，迅速将高压油输送到防喷器或管汇阀件油缸中，从而实现对井口的控制。

3. 防喷器控制系统前期准备及检查标准

钻开油气层前，控制系统应投入并处于随时发挥作用的“待命”工况。储能器应预先充油，升压至 21 MPa，调好相应阀件处于“临战”状态，即“三源齐备、各阀到位”：①油源——油箱中液压油液面应过半；②电源——油泵电机电压为380 V（≥350 V）；③气源——油泵气源压力为0.65～0.8 MPa；④储能器钢瓶下部进出油阀全开；⑤油泵上油阀全开；⑥高压截止阀打开；⑦各防喷器三位四通换向阀要符合标准规定在闸板相应的位置；⑧泄压阀关闭；⑨油路（或气路）旁通阀关闭；⑩电控箱旋钮在自动位；⑪气泵进气阀关闭。

4. 安全使用技术要求

①远控台应处于大门前方离井口25 m以远的地方。②油管束上不允许过车。③三位四通换向阀操作要果断，以防阀芯被刺坏。④油泵组上油管线的滤清器应每月拆检清洗一次，以防堵塞。⑤储能器预充氮气压力应定期检查，保持在（7±0.7）MPa。⑥操作减压调压阀时，不要一次转动过多，应与泄压阀配合使用，逐步降压或升压。⑦应定期或在打开油气层前进行防喷演习。

六、节流压井管汇

节流压井管汇（节流管汇代号为JG，压井管汇代号为YG）是实施油气井压力控制技术必不可少的井控设备。在钻井施工中，一旦发生溢流或井喷，可通过节流压井管汇循环出被浸污的钻井液或泵入加重钻井液压井，以便恢复井底压力平衡，同时可利用节流管汇控制一定的井口回压来维持稳定的井底压力。压井管汇也可用于反循环压井。

1. 节流管汇的功用

（1）压井时实施节流循环，控制井内流体流出井口，控制井口回压（立压和套压），维持井底压力≥地层压力，并且保持不变，制止溢流。

（2）起泄压作用，降低井口压力，实现“软关井”。

（3）起分流放喷作用，将溢流物引出井场以外，防止井场着火和人员中毒，确保钻井安全。

2. 压井管汇的功用

(1) 当全封闸板关井时，通过压井管汇往井眼内强行泵入加重钻井液，实现反循环压井。

(2) 发生井喷时，通过压井管汇往井眼内强行泵入清水，以防燃烧起火。

(3) 发生井喷着火时，通过压井管汇往井眼内强行泵注灭火剂，以助灭火。

3. 节流压井管汇的配置

按其额定工作压力，节流管汇有三种配置形式，压井管汇有两种配置形式。节流压井管汇其额定工作压力应与所用防喷器组合的额定工作压力相一致。从经济上考虑，在开钻时，可安装一套此井将要配置的最高压力节流压井管汇，这就避免了经常随防喷器组合的压力级别的改变而更换节流压井管汇，由此可将节流压井管汇的备用量减到最少。

4. 节流压井管汇的安装与使用安全注意事项

(1) 节流压井管汇与防喷器连接的管线一定要平直，通径不得小于 78 mm，且必须接出井架底座外，节流管汇的主放喷管线通径不得小于 78 mm。对于大流量的空气钻井或天然气钻井，推荐采用通径为 100 mm 的主放喷管线。

(2) 防喷器组合与节流管汇之间应装一个能远程控制的液动闸阀，在节流管汇两翼至少有一翼要设置液动节流阀。采用筒形阀板结构的节流阀，该节流阀只能用作节流而不能作密封断流。

(3) 不允许将节流压井管汇作为日常灌钻井液的管线用。在低寒地区使用时，节流压井管汇可采用保温或排尽液体或灌入合适的防冻液等，做到防冻。

(4) 节流压井管汇在管子站试压应试到额定工作压力，稳压时间不得少于 30 min，压降不得大于 0.7～1 MPa。

(5) 各种形式、结构、用途的平板阀在使用中绝不能处于半开半闭状态，即不能用来节流。否则会加速阀板和阀座损坏。

(6) 当关闭平板阀时，顺时针转动手轮到底后，应逆时针回转手轮约 1/4 圈，以保证阀板和阀座有浮动的余地，使其达到理想的密封效果。

(7) 为了保证阀板与阀座之间可靠的密封和得到良好润滑，须定期给阀腔补灌特种润滑密封脂，井控装置的部件表面均要涂以润滑脂，起到防锈抗腐、润滑减磨的作用。

(8) 防喷管汇的布局要考虑当地季节风向、居民区、道路、公共安全设施等情况。

(9) 防喷管汇的转弯不小于 120°，每隔 10～15 m 用水泥基墩加地脚螺丝或地锚固定。

(10) 为井控的顺利与安全，严禁将节流压井管汇用作日常灌浆管线使用。

(11) 为井控的成功与安全，应定期活动管汇上的阀件以防锈死或扳不动。

5. 液动节流管汇控制装置——液控箱

它位于钻台上立管一侧，用于控制液动节流阀的开关及开关速度，实现远距离遥控节流管汇，维持井底压力≥地层压力，并且保持不变，制止溢流。液控箱中的气泵与储能器制备不高于 2 MPa压力油，并利用三位四通换向阀遥控节流管汇上的液动节流阀。液控箱面板上有立压表、套压表、阀位开度表、油压表、气压表、三位四通换向阀、调速阀等 5 表 2 阀。气压表显示输入液控箱的压缩空气压力值，起源来自钻机气控系统。油压表显示液控油压值，压力油由储能器提供。三位四通换向阀用来改变压力油的流动方向，遥控液动节流阀开大、关小或维持开度不变，从而控制关井套压与立压的降低、升高或稳定。调速阀用来遥控液动节流阀开关动作的速度，从而控制关井套压与立压的变化的快慢。阀位开度表用来显示液动节流阀开启程度。立压表显示关井立管压力。套压表显示关井套管压力。操作时，司钻只需在钻台上观察立压表与套压表的压力变化以及阀位开度表的指示情况，一手操作三位四通换向阀手柄；一手调节调速阀手轮，即可实施压井作业。其操作集中、简便，对井控作业十分有利。

6. 节流压井管汇组合形式

14 MPa 流管汇的组合形式如图 6-4 所示，21 MPa 节流管汇的组合形式如图 6-5 所示，35 MPa 节流管汇的组合形式如图 6-6 所示，70 MPa 和 105 MPa 节流管汇的组合形式如图 6-7 所示，压井管汇的组合形式如图 6-8 所示。

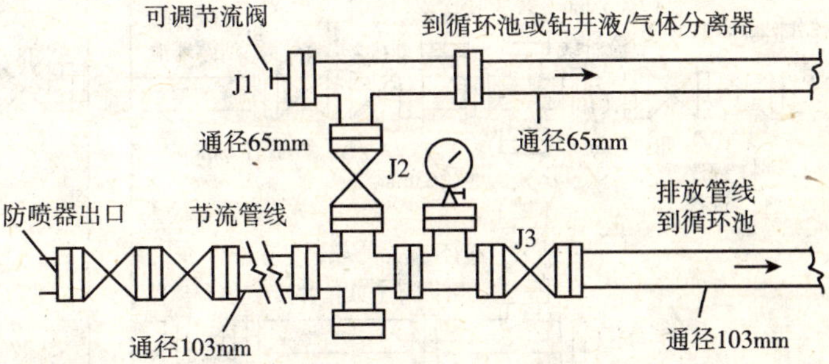

图 6-4 14 MPa 节流管汇组合形式

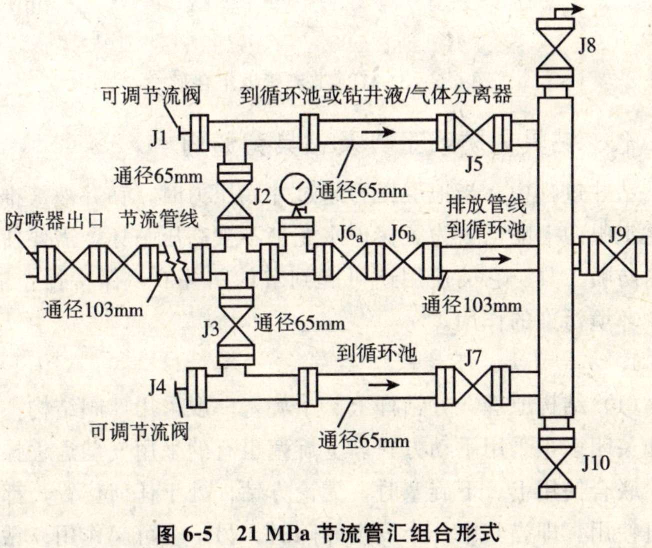

图 6-5 21 MPa 节流管汇组合形式

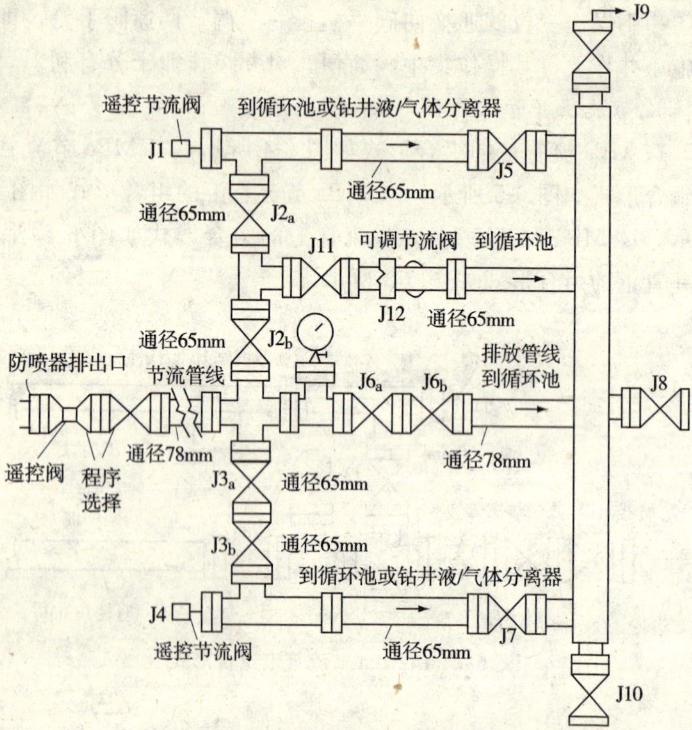

图 6-6　35 MPa 节流管汇组合形式

七、钻具内防喷工具及钻具旁通阀

钻井过程中，当地层压力超过井底压力时，钻井液被推动沿钻柱水眼向上喷出，为了保护水龙带不被高压憋坏，需要使用钻具内防喷工具。它的使用还可起到节约钻井液，保持钻台清洁，减少环境污染的作用。

1. 方钻杆上、下旋塞

（1）结构原理：方钻杆上、下旋塞一般采用球阀结构，其开启和关闭多半采用手动方式。上旋塞也有的采用气动远程控制方式。联合使用上、下旋塞时，无论方钻杆处于任何位置，都有一个可使用，即当其中一个发生故障时，另一个可起作用。钻井作

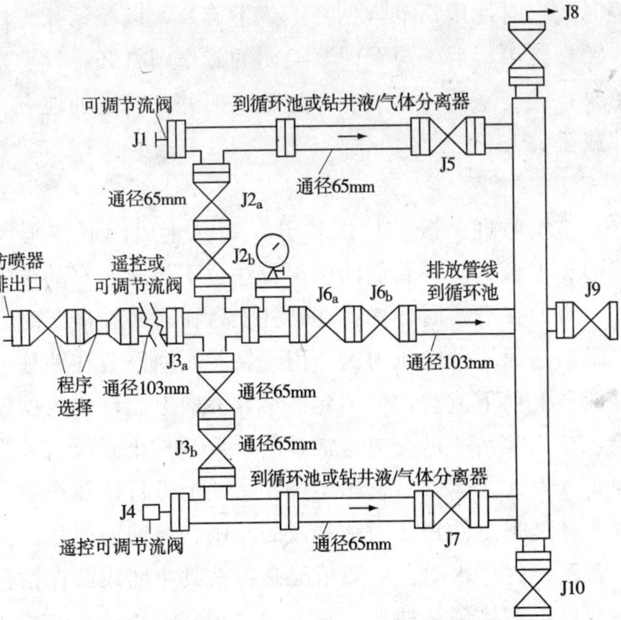

图 6-7　70 MPa 和 105 MPa 节流管汇组合形式

业时，方钻杆球阀的水眼畅通并不影响钻井液的正常循环。需要关井时，可关闭方钻杆上或下旋塞阻止井内流体沿钻具上窜，用于保护水龙带和立管。为防止起下钻铤过程中发生井喷，钻台上应备有短节或单根，它可连接方钻杆和钻铤。

（2）方钻杆上、下旋塞的安全使用注意事项：①坚持经常开关方钻杆上、下旋塞，如

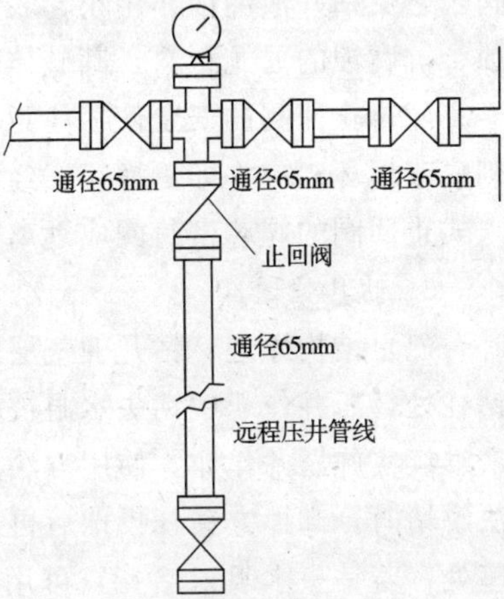

图 6-8　压井管汇组合形式

接单根时或定时使用活动方钻杆上、下旋塞，以免锈死无法正常开关；②在接单根后，应及时将关闭的旋塞阀打开，以免造成开泵时憋泵；③旋塞阀内六方扳手应放在离井口较近的地方，并防止落井或丢失。

2. 钻具止回阀

(1) 结构原理：按结构形式分，钻具止回阀有碟形、浮球形、箭形、投入式等，它们的使用方法也不相同。有的被连接在钻柱中，有的在需要时才连接在钻柱上，而有的在需要时才投入钻具水眼内起封堵井内压力的作用。钻具止回阀装在钻柱上，允许钻井液自上而下流动，但不允许钻井液向上流动。根据现场使用经验，在正常钻井过程中通常并不装设钻具止回阀。因为把钻具止回阀（投入式除外）长期连接在钻柱上进行钻井作业，其零部件（尤其是密封件）会因钻井液的冲刷、腐蚀而损坏，当发生井喷时就不能封堵水眼。一般情况是将钻具止回阀放在钻台上备用，需要时再连接到钻柱上。

目前，现场大量使用的箭形止回阀性能优于弹簧式碟形止回阀。它受钻井液冲蚀作用小、表面有较高硬度，密封垫采用耐冲蚀、抗腐蚀的尼龙材料，其整体性能好。

(2) 止回阀的安全使用注意事项：①经常检查其阀芯，若有刺痕或损坏，应立即更换；②经常检查其阀芯，以防堵塞；③投入式止回阀的阀芯密封圈应远离有腐蚀性的物品，如酸或碱。

3. 钻具旁通阀

(1) 结构原理：钻开油气层前将钻具旁通阀接在靠近钻头的钻柱处，压井作业中钻头水眼被堵时，旁通阀可建立新的循环通道继续实施压井作业。使用方法是：一旦发现钻头水眼被堵而无法解堵时，卸掉方钻杆投球后再接方钻杆使球落至钻具旁通阀阀座处（若钻头水眼未堵死，可用小排量泵送），开泵后只要泵压升高到一定压力值就剪断固定销，使阀座下行直到排泄孔全部打开，泵压随即下降，从而建立新的循环通道。

(2) 钻具旁通阀的安全使用注意事项：①要保持入井钻井液的清洁，以防钻头水眼堵塞，提前打开旁通阀；②旁通阀的钢球应在使用前准备放好，以便需要时能及时取用。

八、起钻灌钻井液装置、钻井液/气体分离器和钻井液循环池液面监测装置

1. 起钻灌钻井液装置

(1) 起钻灌钻井液装置的分类：分为两类，即重力灌注式和自动灌注式。

1) 重力灌注装置：重力灌注装置是给井队配置一个刻有计量钻井液标度的灌注小罐（2～3m^3），起钻时当井眼液面下降后，灌注小罐中的钻井液借助其出口与井眼出口管的高度差，利用钻井液的重力将钻井液注入井眼以保持井眼液面的一定高度。灌注小罐的钻井液注完后，可及时泵送补充。

2) 自动灌钻井液装置：由传感器、电控柜、显示箱和灌注系统等部分组成。

自动罐钻井液装置工作原理：安装在高架渡槽上的传感器把井眼液流信号转化为电信号输送到电控柜中，由电子控制系统指挥灌注系统按预调时间定时向井内灌注钻井液，并能自动计量和自动停灌，预报井涌和井漏。即：定时灌注，灌满自停，超时报漏，续流报涌。

(2) 起钻灌钻井液装置的安装与安全使用注意事项：①起钻灌钻井液装置应安装在司钻易观察的地方，以便观察液面的高低；②应定时清除起钻灌钻井液装置内沉积物，以确保刻度的准确；③为便于计量使用，应另使用一个起钻灌钻井液补充罐。

2. 钻井液/气体分离器

(1) 钻井液/气体分离器的功用：将节流管汇中流出的气侵钻井液净化分离，除去混入钻井液中的气体，回收初步净化的钻

井液。

(2) 钻井液/气体分离器的安装与安全使用注意事项：①钻井液/气体分离器应安装在节流管汇的下游，气体排放管线出口应接到离井口 75 m 以远的地方；②根据出砂情况应定期打开分离器底部排放阀门除砂；③应保持分离器内有适当的压力，以利于排液。

3. 钻井液循环池液面监测装置

(1) 作用：该装置用来监测钻井液循环池液面在钻井过程中的变化，并以此判断井眼是否发生溢流或漏失，它是井队尽早发现溢流显示的有效手段。

(2) 工作原理：钻井液循环池液面变化经传感器转化为电压信号（或气压信号），传输到监测报警仪中，经二次仪表转化为数字显示信号。钻井人员可随时了解到循环池钻井液总量和增减变化量。配有打印机的监测装置还可定时打印监测数值。该装置也可用于观察起钻灌钻井液的灌入量。

九、旋转防喷器

旋转防喷器安装在井口防喷器组的最上端，即拆掉防溢管换装以旋转防喷器。旋转防喷器可用于异常低压地区，诸如泡沫钻井液钻井、充气钻井液钻井以及空气或天然气钻井。也可用于高压、低渗透、低产量层段。采用低于地层压力当量钻井液密度的钻井液，封闭方钻杆或钻杆与井眼的环空并在所限定的井口压力条件下旋转钻具，实施带压作业，实现欠平衡钻进。还可用于不压井强行起下管串作业。旋转防喷器最关键的技术参数是旋转钻进状态下的动密封压力和转速。

第二节　井控技术

一、井控概述

井控，有的叫做井涌控制，还有的叫压力控制。各种叫法本质上是一样的，都是说明要采取一定的方法控制住地层孔隙压力，基本上保持井内压力平衡，保证钻井的顺利进行。

与井控有关的概念有：

1. 井侵

当地层孔隙压力大于井底压力时，地层孔隙中的流体（油、气、水）将侵入井内，通常称之为井侵。

2. 溢流

当井侵发生后，井口返出的钻井液的量比泵入的钻井液量多，停泵后钻井液自动外溢，这种现象称之为溢流。

3. 井涌

溢流进一步发展，钻井液涌出井口的现象叫做井涌。

4. 井喷

地层流体无控制地涌入井筒，喷出地面的现象称为井喷。

5. 井喷失控

井喷发生后，无法用常规方法控制井口而出现敞喷的现象称为井喷失控。

6. 井控的三个阶段

人们根据井涌的规模和采取的控制方法的不同，将井控作业分为三级，即一级井控、二级井控、三级井控。

一级井控：是依靠适当的钻井液密度来控制住地层孔隙压力使得没有地层流体侵入井内，井涌量为零，没有溢流产生。

二级井控：是依靠井内正在使用中的钻井液密度不能控制住地层孔隙压力，依靠地面设备、井控技术恢复井内压力平衡的工作过程。

二级井控失败，井涌量增大，失去了控制，发生了井喷，这时依靠井控技术和井控设备恢复对井的控制，达到初级井控状态，叫做三级井控。

7. 井控工作中的“三早”

(1) 早发现：溢流被发现得越早越好、越便于关井控制、越安全。国内现场一般将溢流控制在 1～2 m^3 之前发现。这是安全、顺利关井的前提。

(2) 早关井：在发现溢流或预兆不明显怀疑有溢流时，应停止一切其他作业，立即按关井程序关井。

(3) 早处理：在准确录取溢流数据和填写压井施工单后，就应进行节流循环排出溢流和压井作业。

二、井喷失控的原因和危害

1. 井喷失控的原因

①起钻抽吸，造成诱喷；②起钻不灌钻井液或没有灌满；③不能及时准确地发现溢流；④发现溢流后处理措施不当；⑤钻遇漏失层段发生井漏未能及时处理或处理措施不当；⑥钻井液中混油过量或混油不均匀；⑦井口不安装防喷器；⑧井控设备的安装及试压不合格；⑨井身结构设计不合理；⑩空井时间过长，又无人观察井口；⑪地质设计未能提供准确的地层孔隙压力资料；⑫相邻注水井不停或未减压；⑬对浅气层的危害性缺乏足够的认识；⑭思想麻痹，违章操作。

2. 井喷的危害

①打乱全面的正常工作秩序，影响全面生产；②使钻井事故复杂化；③井喷失控极易引起火灾和地层坍塌，影响周围千家万户的生命安全，造成环境污染；④损害油气层，破坏地下油气资源；⑤造成机毁人亡和油气井报废，带来巨大的经济损失；⑥涉及面广，在国际、国内造成不良的社会影响。

三、一级井控

（一）有关概念

1. 静液压力

静液压力是由静止液柱的重量产生的压力，其大小只取决于液体密度和液柱垂直高度。在钻井中钻井液环空上返速度较低，动压力可忽略不计，而按静液压力计算钻井液环空液柱压力。

静液压力 p_m 计算公式为：

$$p_m = 0.0098\rho_m H_m$$

式中 p_m——静液压力，MPa；

ρ_m——钻井液密度，g/cm^3；

H_m——液柱垂直高度，m。

静液压力梯度 G_m 计算公式为：

$$G_m = \frac{p_m}{H_m} = 0.0098\rho_m$$

式中 G_m——静液压力梯度，MPa/m。

2. 地层压力

地层压力是指作用在地层孔隙中流体上的压力，也称地层孔隙压力。

地层压力 p_P 计算公式为：

$$p_P = 0.0098\rho_P H_P$$

式中 p_P——地层压力，MPa；

ρ_P——地层当量密度，g/cm^3；

H_P——地层垂直高度，m。

地层压力梯度 G_P 计算公式为：

$$G_P = p_P / H_P = 0.0098\rho_P$$

式中 G_P——地层压力梯度，MPa/m。

地层压力当量密度 ρ_P 计算公式：

$$\rho_P = \frac{p_P}{0.0098 H_P} = 102 G_P$$

在钻井过程中遇到的地层压力可分为三类：

①正常地层压力：$\rho_P = 1.0 \sim 1.07$ g/cm^3；

②异常高压：$\rho_P > 1.07$ g/cm^3；

③异常低压：$\rho_P < 1.0$ g/cm^3。

3. 地层破裂压力

地层破裂压力是指某一深度处地层抵抗水力压裂的能力。当达到地层破裂压力时，使地层原有的裂缝扩大延伸或使无裂缝的地层产生裂缝。从钻井安全方面讲，地层破裂压力越大越好，地层抗破裂强度就越大，越不容易被压漏，钻井越安全。一般情况下，地层破裂压力随着井深的增加而增加。所以，上部地层（套管鞋处）的强度最低，易于压漏，最不安全。

地层破裂压力 p_f 计算公式为：

$$p_f = 0.0098\rho_f H_f$$

式中 p_f——地层破裂压力，MPa；

ρ_f——地层破裂压力当量密度，g/cm^3；

H_f——漏失层垂直高度，m。

地层破裂压力梯度计算公式为：

$$G_f = p_f / H_f = 0.0098\rho_f$$

式中 G_f——地层破裂压力梯度，MPa/m。

地层破裂压力是合理进行井身结构设计、制定钻井施工和确定最大关井套压的重要依据之一。

4. 波动压力

(1) 波动压力定义

由于井内钻具或流体上下运动而引起井底压力增加或减小的压力值。它是激动压力和抽吸压力的总称。当钻柱向下运动时井内钻井液向上流动，使井底压力增加，由此而增加的压力值称为激动压力。当钻柱向上运动时，井内钻井液向下流动，使井底压力减小，由此而减小的压力值称为抽吸压力。

(2) 波动压力对钻井安全的影响

由于钻井液具有一定的黏度和切力，当快速提升钻柱（尤其是出现缩径、钻头泥包）时，都将引起较大的抽吸压力。当抽吸压力达到一定值时就会引起井喷和井眼垮塌，因此应引起足够重视。当下钻速度过快时，同样会引起过大的激动压力，造成井漏，影响井眼安全。

（3）引起波动压力的主要因素

1）钻井液静切力：钻井液静止时间越长，其网状结构强度越大，静切力就越大，钻井液从静止状态到流动状态所克服的流动阻力就越大，因此井内钻柱上下运动时就会造成过大的波动压力。

2）起下钻速度：起钻时，钻具底部产生负压，使井底压力减小。下钻时，钻具底部排挤钻井液向上流动，使井底压力增加。

3）惯性力：在起下钻具或接单根等作业中，钻柱的运动有加速和减速的过程，由此而产生惯性力，使井内压力产生波动。惯性力越大，波动压力就越大。

（4）减小波动压力对井眼影响的措施

严格控制起下钻速度，防止过快，尤其是钻头在井底附近时，更应高度重视；起下钻具时，严禁猛提猛刹，防止产生过大的惯性力和波动压力；应调整好钻井液性能，防止因切力、黏度过大产生较大的波动压力；应保持井眼畅通，防止缩径、泥包等引起严重抽吸。

5. 井底压力

井底压力是指作用在井底上的各种压力总和。

在不同钻井作业工况中的井底压力：

（1）井内钻井液处于静止（停止循环）状态时

$$p_b = p_m = 0.0098\rho_m H_m$$

式中 p_b——井底压力，MPa；

p_m——钻井液静液柱压力，MPa；

ρ_m——钻井液密度，g/cm^3；

H_m——液柱垂直高度，m。

注：钻井液静液柱压力是构成井底压力和维持井内平衡最主要的部分，是实施一级井控的唯一保证。

（2）钻进时

$$p_b = p_m + p_{bp} = 0.0098\rho_m H_m + p_{bp}$$

式中p_{bp}——循环时的环空流动阻力，MPa；

其他符号同前。

注：环空流动阻力使井底压力增加，有利于抑制地层流体向井内的侵入。其值一般为0.7～1.5 MPa。

(3) 起钻时

$$p_b = p_m - p_{sb} - p_{dp}$$

式中p_{sb}——抽吸压力，MPa；

p_{dp}——未及时灌满井口而产生的静液压力减小值，MPa。

安全提示：①起钻时应及时灌浆，现场每起3～5柱钻杆或一柱钻铤就应灌满一次。目前国外已配备自动灌浆监测报警系统，在起钻时能实时检测校核起出量与泵入量，异常时及时报警；②只有起钻作业时，井底压力会小于静液柱压力，所以起钻时应格外谨慎，以防抽吸。在近平衡中，规定的安全余量就考虑了p_{sd}和p_{ap}的影响。在设计钻井液密度时，应以起钻工况时的井底压力为准。

(4) 下钻时

$$p_b = p_m + p_{sw}$$

式中p_{sw}——激动压力，MPa。

(5) 划眼时

$$p_b = p_m + p_{sw} + p_{bp}$$

6. 井底压差

井底压差（Δp）是井底压力与地层压力之差：

$$\Delta p = p_b - p_p$$

式中Δp——井底压差，MPa；

p_b——井底压力，MPa；

p_p——地层压力，MPa。

当$p_b \gg p_p$时，$\Delta p \gg 0$，井底为过平衡；当p_b稍大于p_p时，Δp稍大于0，井底为近平衡；当$p_b = p_p$时，$\Delta p = 0$，井底压力与地层压力相平衡；当$p_b < p_p$时，$\Delta p < 0$，井底为欠平衡，出

现负压差。

（二）确定钻井液密度

根据全井压力剖面（地层压力剖面、地层破裂压力剖面和坍塌压力剖面）及浅气层资料，分段设计确定钻井液密度，其方法如下：

$$\rho_m=\rho_p+\rho_e$$

式中 ρ_m——钻开地层压力为 p_p 的钻井液密度，g/cm³；

ρ_p——地层压力当量密度，g/cm³；

ρ_e——附加当量密度（安全余量），g/cm³。

中国石油和石化总公司对附加当量钻井液密度值规定如下：

油井：$\rho_e=$（0.05～0.10）g/cm³（或1.5～3.5 MPa）；

气井：$\rho_e=$（0.07～0.15）g/cm³（或3.0～5.0 MPa）。

（三）浅层气的特点及安全处理措施

浅层气自身特点决定了对其钻探的难度，在国内外不乏由于钻遇浅层气后采取措施不当而酿成巨祸的事例。因此，正确实施浅层气钻探技术是非常必要的。

1. 浅层气的成因

一般情况下，快速沉积的大多数地区，由于沉积速度快，地层压力来不及释放，普遍存在浅层气。如海湾地区和大陆架地区常有浅层气存在。

2. 浅层气特点

位于浅层、体积小、压力大、能量瞬间释放、危险系数大。

3. 浅层气钻探难度

由于其体积小，难以预测，且层位浅，常常突然出现；压力高，一旦井喷，能使井眼迅速卸载，使所有的钻井液喷出，继而失去一次井控的机会；层位浅，使报警信号反应的时间短，天然气可能在几乎没有报警的情况下到达地面；表层一般是薄弱地层，若发生井喷，不能强行关井，易憋裂地层，使之失去控制，造成井喷、爆炸起火、烧毁钻机；浅井段钻进时，井口的控制装置较少；施工人员对浅层气危险性认识不足也是引起事故的重要因素之一。

4. 浅层气位置的预测

利用高分辨率地震数据可以对浅层气进行预测。目前具备了对 900 m 以内的浅沉积层进行预测的技术和新的地球物理设备。高分辨率的电火花地震勘探和亮点分析技术可以有效地预测浅层气；电力机动浅剖面仪能分析出 120 m 以内有关活动的和非活动的储气层的资料；水柱气泡检测仪可以发现气体渗漏，气体渗漏是浅层含气的直接显示；无泡电火花测量仪可以进行沉积速度分析，并能对 300 m 以内的活动与非活动的气体储层进行分辨。

进行钻井设计之前，必须对相关的资料进行认真论证，弄清是否有浅层气存在，钻井设计必须有浅层气的专门论述。

5. 浅层气钻井前的安全准备措施

(1) 钻前安全技术交底：组织相关人员认真了解浅层气的危险性，掌握钻探浅层气的工艺技术，提高人员的防范意识。明确各岗位的职责，加强监控，尽可能早的发现显示。

(2) 压井钻井液的准备：开钻前配好压井钻井液，密度比正常钻进时高 0.12 g/cm^3，体积为井眼容积的 5～6 倍。

(3) 井口设备的安全配备：ϕ762 导管＋变径升高短节＋ϕ540 分流三通（14 MPa）＋ϕ540 单闸板（14 MPa）＋ϕ540 环形防喷器（14 MPa）。

(4) 地面分流设备：安全分流三通的水平出口与 ϕ273 分流管相连，之间安装气动平板阀，分流管长度不得小于 30 m，且朝向下风方向，分流管口外开挖 100～200 m^3 的土坑，分流管尽可能笔直，每 2 m 一个固定锚。

(5) 试压：井口装置一律试压至规定压力。

(6) 安全报警装置的准备：安装钻井参数检测仪，并检测其可靠程度，特别是钻井液流量传感器，必须灵敏可靠。

6. 浅层气钻井工艺步骤

一般情况下，套管或导管在软地层下入深度小于 450～600 m

或硬地层下入深度小于300 m时，不能关井，只能分流放喷。

（1）ϕ216领眼钻穿表层：对预测有浅层气的地区，首先用216钻头钻完设计井深，泄流面积小，喷出物体积也较少，利用压井作业。

（2）电测ϕ216裸眼，确认浅层气是否存在。

（3）对表层段，按所需尺寸进行扩眼，而后进行下套管作业。

控制浅层气主要集中在ϕ216领眼钻进过程中。司钻必须密切注意井口钻井液返出流量的变化情况，特别是在起钻过程中，要准确计量灌入的钻井液是否与起出的钻具体积相等，一旦发现有显示，立即按如下程序进行操作，以确保安全：①上提钻具，使方钻杆接头露出转盘面；②停泵；③检查井口是否有钻井液外溢；④打开分流放喷气动阀；⑤关闭环形防喷器；⑥检查系统是否处于分流防喷状态，并确认风向；⑦按照分流防喷设计，启动双泵以最大极限排量泵入清水或压井钻井液，从而实现防喷、压井全过程。

（四）钻开油气层的安全技术措施

钻开油气层的技术措施是以维护井底压力平衡，尽早发现溢流显示为重点而制定的，主要内容如下：

（1）加强地层对比，及时提出地质预报，尤其是异常高压地层上部盖层的预报要力求准确。

（2）采用dc指数、气测资料等对异常地层压力进行随钻监测，综合分析对比资料数据，以提高地层压力监测的精度。

（3）在进入预计的油气水层前，调整钻井液性能，调整好后再继续钻进，以免因调整钻井液性能而掩盖溢流的某些显示。

（4）根据井场井控设备的配套情况、井控技术水平、井身结构、地层流体特点等，规定最大允许溢流量，一般不超过2～3 m^3。

（5）钻开油气层后进行起下钻作业时，必须进行短程起下钻。从井底到油气层上200 m的起钻速度要严加控制。按规定及时灌满钻井液并进行校核灌注量、做好记录，起完钻要及时下钻，检修设备时应将钻具下到套管鞋处。

(6) 钻开油气层后避免在井场使用电气焊。若必须使用，须申请批准，并采取相应的安全防火措施。

(7) 电测前井内情况必须正常。电测期间须准备一根装有钻具安全阀或钻具回压阀的钻杆，以备井内异常时强行下入，控制井口。钻开油气层后因发生卡钻须泡油、混油或因其他原因要调整钻井液密度时，其液柱压力不能小于地层压力。

(8) 若发生井喷而井口无法控制时，应立即关闭柴油机及井场、钻台和机房处的全部照明灯，打开探照灯，灭绝火源，组织警戒，尽快由注水管线向井口注水防火。

(9) 井眼要畅通，防止拔活塞造成抽吸井喷。开泵要平稳，排量由小逐渐增大，防止憋漏地层。

(10) 若打开油气层过程中发生井漏，应立即停止循环，间歇定时定量反灌钻井液以降低漏速，维持一定液面，保持井眼与地层压力之间的平衡，然后实施堵漏作业，再根据井内情况重建平衡或先期完井。

(11) 为了井眼安全，防止大段井涌或憋泵憋漏地层，下钻时应分段下钻并开泵破乳循环。严禁一次下钻到底，尤其是长期未循环的深井。

四、二级井控

当一级井控失效后，井内的液柱压力小于地层压力，井底处于欠平衡状态，这时通过关井，控制节流阀的开度，实现节流循环，在井口造成一定的回压，利用该回压和井内剩余的液柱压力之和来平衡地层压力，抑制地层流体向井内的侵入，同时将井内的地层流体排除并用重浆压井，重建井眼与地层之间的平衡关系，恢复正常钻井作业的井控技术。

（一）溢流

1. 溢流的原因

井底压力小于地层压力是导致溢流的根本原因，而引起井底压力小于地层压力的原因则是多方面的。

(1) 压力掌握不准确，设计钻井液密度偏低

1) 新探区、新区块地层压力不熟悉。例如某井，在井深300 m处打开油气层，钻井液密度为1.25 g/cm^3。由于地层压力当量密度大于在用钻井液密度，而发生天然气井喷。

2) 开发区注水造成地层压力升高（或过高）。例如某井，用1.20 g/cm^{3}的钻井液密度打开当量密度为1.35 g/cm^{3}的地层压力，结果在2300 m处发生井喷。

(2) 井内钻井液高度下降

1) 起钻时未及时灌满井口。例如某井，在起钻时没有及时灌入钻井液，发生气侵，结果引起井喷着火。

2) 井漏引起井内钻井液液柱高度下降。井漏后，井内静液柱压力下降，若井内静液柱压力产生的井底压力不足以平衡地层压力时，则易引起溢流或井喷。所以发生井漏时要及时防喷。

(3) 钻井液密度下降

1) 钻开高压油气层时，油气侵入钻井液而引起钻井液密度下降。

2) 在处理井下事故时，向井内打入原油、柴油或其他解卡剂而引起井内静液柱压力下降。

3) 打大斜度定向井或水平井时，为降低钻具与井壁之间的摩阻，向井内混油或降摩阻剂，而引起井内静液柱压力下降。

(4) 起钻抽吸引起的溢流

由于井眼不畅、环空间隙过小、钻井液性能变差（如黏度、切力过大）、起钻速度过大、起钻前静止循环时间过长或井内安全附加量偏小等原因，造成过大的抽吸压力，使井底压力小于地层压力，从而产生溢流。起钻前应检查井底压力是否能平衡地层压力，是否发生抽吸溢流。其检查措施有：

1) 短程起下钻法。在正式起钻之前，先从井内起出5～10柱钻杆，然后再下入井内，开泵循环至少一个迟到时间，观察测量

返出的钻井液。如发现钻井液中有油或气，则说明发生了抽吸溢流，这时不能继续起钻作业，应做节流循环观察或适当提高钻井液密度，直到起钻不再发生抽吸溢流为止。

2）核对灌入井内的钻井液量。如果灌入井内的钻井液量小于起出的钻具排替量时，则说明发生了抽吸溢流。

2. 溢流的预兆

（1）钻进时溢流的预兆：①钻井液池液面升高；②井口钻井液流速增加；③停泵后钻井液外溢；④钻速突快或放空；⑤循环泵压下降及泵速增加；⑥钻具悬重发生变化；⑦钻井液性能发生变化。

（2）起下钻时溢流的预兆：①起钻时，钻具起出量大于井内钻井液灌入量；②下钻时，钻具下入量小于井内钻井液返出量。

（3）空井时溢流的预兆：起完钻时应将井口灌满，并观察井口有无外溢。若有外溢，则说明发生了溢流。

3. 溢流的安全预防措施

（1）准确掌握地层压力，根据压力预测曲线、监测资料及安全附加值确定新探区或新区块钻井的钻井液密度。

（2）根据邻井及注采动态压力资料确定开发区钻井的钻井液密度。注水井附近钻井安全措施有：

1）注水井停注泄压。当井距较近时应提前停注，泄压为零。

2）注水井不能停注泄压时，应根据周围注水井压力按压力坡降法折算成钻井液当量密度，加在钻开该油气层的钻井液上。

3）掌握该区块的浅气层情况，防止浅气层造成井喷。

4）确定合理的井身结构，避免一口井的裸眼井段有超过两个不同压力梯度的地层。

5）混油或泡油时，应事前核对井底压力与地层压力之间是否平衡。若不平衡则应先加重再向井内混油或泡油。

6）钻开高压油气层后，地面应及时除气净化，防止进口钻井液密度低于设计值，造成恶性循环，诱发溢流。

7）起钻前处理好钻井液，保持井眼畅通，防止抽吸。

8）起钻时控制起钻速度，尤其是钻头在井底时，防止抽吸。

9）起钻时及时灌满井口。

10）避免长时间空井，防止井底聚集气柱。

11）先用小钻头领眼试钻高压油气层，再用扩眼钻钻开高压油气层，防止泄压面积和泄压量过大。

（二）关井程序及关井压力的测定

发现溢流预兆后，准确无误地迅速关井是防止发生井喷的唯一正确处理措施。

1. 迅速关井的优点

（1）控制住井口，使井控工作处于主动，有利于安全压井。

（2）尽早制止地层流体继续进入井内。

（3）保持井内有较高的钻井液液柱，减少关井和压井时的套压。

（4）可准确地计算地层压力和压井钻井液密度。

（5）减少加重量，方便施工，缩短非生产时间，提高时效。

2. 关井方法

（1）硬关井：指溢流或井喷时，井内流体在无其他出口（即只有通过防喷器喷出）的情况下，直接关闭井口防喷器的方法。其优点是关井时间短、操作方便；其缺点是“水击”效应大（尤其喷势较大时），不利于井的安全。

（2）软关井：指溢流或井喷时先全开节流管汇一侧，让井内流体有第二条出口的情况下，再关闭井口防喷器的方法。其优点是“水击”效应小、利于井的安全；其缺点是关井时间长。

（3）半软关井：指溢流或井喷时，先让井内流体沿半开的节流管汇一侧（即节流阀半开）流出的情况下，再关闭井口防喷器的方法。其优缺点介于硬关井和软关井之间。此方法现场常用。

3. 安全关井程序

(1) 正常钻进过程中发生溢流的关井程序

①发信号；②停钻，上提钻具至合适位置；③停泵；④开放喷阀（3#平板阀）；⑤关防喷器（先环形，后闸板）；⑥关节流阀（17#）试关井，再关下游平板阀（15#）；⑦录取关井立压和套压及池增量。

(2) 起下钻杆过程中发生溢流的关井程序

①发信号；②停止起下作业，抢接钻具内防喷工具（或直接抢接带旋塞阀的方钻杆）；③开放喷阀（3#平板阀）；④关防喷器（先环形，后闸板）；⑤关节流阀（17#）试关井，再关下游平板阀（15#）；⑥接方钻杆；⑦求出关井立压和套压及池增量。

(3) 起下钻铤过程中发生溢流的关井程序

①发信号；②停止起下铤作业，抢接一根（或一柱）钻杆；③抢接钻具内防喷工具（或直接抢接带旋塞阀的方钻杆）；④开放喷阀（3#平板阀）；⑤关防喷器（先环形，后闸板）；⑥关节流阀（17#）试关井，再关下游平板阀（15#）；⑦接方钻杆，求出关井立压和套压及池增量。

(4) 空井过程中发生溢流的关井程序

①发信号；②停止作业，若喷势强烈，则开3#平板阀，关全封闸板防喷器，关节流阀（17#）试关井，再关下游平板阀（15#），录取关井立压和套压及池增量；若喷势不强烈，则抢接一根（或一柱）钻杆；③抢接钻具内防喷工具（或直接抢接带旋塞阀的方钻杆）；④开放喷阀（3#平板阀）；⑤关防喷器（先环形，后闸板）；⑥关节流阀（17#）试关井，再关下游平板阀（15#）；⑦接方钻杆，求出关井套压及池增量。

4. 测定关井立管压力的方法

关井立管压力是计算地层压力和压井钻井液密度的重要依据，它是原浆液柱压力欠地层压力的量，欠平衡量越大，关井立管压力越大。准确录取其压力对压井成功与否来说是至关重要的。

(1)“U”形管原理

用“U”形管原理描述井眼与地层之间的压力平衡关系。将钻柱水眼和井眼环空视为一连通器的“U”形管，井底（地层）视为“U”形管的底部。若环空发生溢流后关井，则钻柱水眼、井眼环空与地层之间的压力平衡关系如下：

$$p_d + p_{md} = p_p = p_a + p_{ma}$$

式中 p_d——关井立管压力，MPa；

p_{md}——钻柱内静液柱压力，MPa；

p_p——地层压力，MPa；

p_a——关井套管压力，MPa；

p_{ma}——环空静液柱压力，MPa。

(2) 钻柱中未装（或装有压力传递孔）钻具止回阀时测定关井立管压力的方法

可以直接从立管压力表上读出。但值得注意的是，发生溢流后由于井眼周围的地层流体进入井眼，致使井眼周围的地层压力形成压降漏斗，此时井眼周围的地层压力低于实际地层压力，愈远离井眼，愈接近或等于原始地层压力。一般情况下，待关井后10～15 min，井眼周围的地层压力才恢复到原始地层压力。此时读到立管压力值才是地层压力与钻柱内钻井液静液柱压力之差。井眼周围的地层压力恢复时间的长短与欠平衡压差、地层流体的种类、地层产量、地层渗透率等因素有关。

(3) 钻柱中装有钻具止回阀时测定关井立管压力的方法

1) 不循环法：在不知道压井泵速和该泵速下的循环压力时采用。

①缓慢启动泵，向钻具内泵入少量钻井液，并观察立压及套压的变化。②当套压超过关井套压 0.5～1 MPa 时，说明钻具止回阀被顶开。此时停泵，记录这时的立管压力和套管压力。则：

$$\Delta p_a = p_{a1} - p_a$$

式中Δp_a——套压升高值，MPa；

p_{a1}——停泵时记录的套压值，MPa；

p_a——关井套压，MPa。

$$p_d = p_{d1} - \Delta p_a$$

式中p_d——关井立管压力，MPa；

p_{d1}——停泵时记录的套压值，MPa。

2）循环法：在已知压井泵速和该泵速下的循环压力时采用。

①缓慢启动泵，同时迅速打开节流阀及下游平板阀，通过调节节流阀，使套压等于关井套压。②当排量达到选定的压井排量时，保持不变，通过调节节流阀，使套压恰好等于关井套压，这时记录循环立管压力，停泵，关节流阀及下游平板阀。③计算关井立管压力

$$p_d = p_T - p_{ci}$$

式中p_d——关井立管压力，MPa；

p_T——测量的循环立管总压力，MPa；

p_{ci}——以压井排量循环时的立管压力，MPa（p_{ci}及压井排量可从预先记录的资料中查出）。

5. 最大关井套压的确定

（1）确定最大允许关井套压的原则

关井后最高套压值不能超过以下三个极限中的最小值：①井口设备的额定工作压力值；②套管最小抗内压强度的 80%；③地层破裂压力所允许的关井套压值。

一般情况下，地层破裂压力所允许的关井套压值最小，所以，现场常以地层破裂压力来确定最大的关井套压值。

（2）最大的关井套压值

1）计算公式为：

$$p_{amax} = p_f - 0.098\rho_m H_f$$

式中p_{amax}——最大关井套压值，MPa；

p_f——地层破裂压力值，MPa；

ρ_m——在用钻井液密度，g/cm³；

H_f——套管鞋以下漏失层井深（一般将套管鞋井深作为 H_f），m。

2）现场常用确定最大的关井套压值的便捷方法见图 6-9。

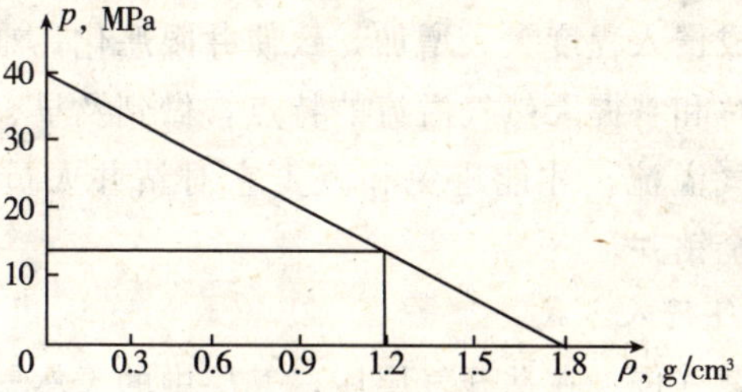

图 6-9　最大关井套压的确定

（三）天然气溢流

1. 天然气溢流的危害和安全防护措施

天然气是组分不固定的混合气体，它具有可压缩性，其体积与所受压力成近似反比关系，即压力增加，其体积减小；压力减小，其体积增加。当压力减小到一半时，其体积就会膨胀到原来的两倍；当压力增加到一倍时，其体积就会缩小到原来的一半。掌握天然气这一特性是非常重要的。

天然气的密度远远低于钻井液的密度，混在井内钻井液中的天然气，无论是开井还是关井状态，在由密度差产生的浮力的作用下，总是沿着井眼向井口方向滑脱上升，直至地面。天然气还具有较强的扩散性、易燃易爆的特点，所以，井场应杜绝一切非生产火源，生产用火时必须有防护设备和防护措施。

有时天然气中易出现 H_2S 气体，该气体有较强的毒性，对井场工作人员的生命安全造成威胁，尤其在井口、振动筛、循环罐等处。同时，对井内钻具、井控和地面设备也造成巨大的氢脆腐蚀破坏（尤其在碰砸损伤处），从而使钻具和设备的机械强度大大降低，造成事故。H_2S 对钻井液也具有较大污染作用，甚至形成难以流动的冻胶。为控制 H_2S 的浓度，现场必须将 pH 值控制在 9.5 以上。

当天然气侵入后，随着天然气在井眼内的不断滑脱运移、上升，其体积和气柱高度就会逐渐膨胀、增大，井内钻井液液柱高度和压力就会不断减小，使井底压力进一步减小，欠平衡量增加，从而造成侵入程度大大增加，致使井眼恶化，难以控制。所以，必须了解和掌握天然气溢流的特点，做到及早、正确地发现和处理天然气溢流，才能避免和减少它对钻井人员和设备的危害，实现安全钻井。

2. 天然气侵入方式

(1) 扩散气侵：在钻开气层后，气层中的天然气在浓度差的作用下，通过井壁向井内扩散，侵入钻井液。其侵入量与泄压面积（井眼大小和钻开的气层深度）、压差、钻速及滤饼的质量等因素有关。

(2) 岩屑气侵：在钻穿气层期间，随着井底气层岩石的不断破碎，岩石孔隙中的气体被释放出来，侵入钻井液。其侵入量与岩石的孔隙、井径、机械钻速和气层厚度成正比。

(3) 重力置换气侵：在钻遇裂缝或溶洞时，由于井内钻井液密度远远大于溶洞中天然气密度，产生重力置换，将天然气从裂缝或溶洞中置换出来进入井内，严重时在井内形成较大的气柱，这种情况较危险，应根据地质预告，加强监测与报警，做好防范。

(4) 气体溢流：由于种种原因，导致井底压力小于地层压力，在欠平衡的状态下，气层中的天然气就会大量侵入井内，在井内形成气柱，将井内钻井液迅速顶出，造成井喷。欠平衡量越大，喷势就越大。

3. 钻井液气侵后应注意的问题

(1) 钻井液发生气侵后，不能用井口测量的钻井液密度值计算井内气侵液柱压力或地层压力。

（2）气侵对不同井深的静液柱压力的影响不同。井越深，影响越小，井越浅，影响越大。

（3）发生气侵，采取的首要措施是地面及时除气。除气后进入井内的钻井液密度应符合设计值。否则，应按欠平衡值加重钻井液，维持井内平衡，使进出口钻井液密度相等。

4. 开关井状态下气柱对井底压力的影响

（1）开井状态下气柱对井底压力的影响

在钻开气层后，由于长期停止循环，侵入井内的天然气在井底形成气柱。在浮力的作用下，气柱在井内钻井液中滑脱上升。例如某直井井深为 H 米，井内钻井液密度为 ρ_m，单位为 g/cm^3。溢流后井底聚集有 h 米的气柱，其密度为 ρ_g，单位为 g/cm^3，则井底压力为：

$$p_b = p_m + p_g = 0.0098\rho_m (H - h) + p_g$$

式中 p_b——井底压力，MPa；

p_g——气柱在井底产生的压力，MPa；

p_m——钻井液静液压力，MPa。

从上式可以看出，随着气柱在井内滑脱上升，气柱顶部的液柱高度和压力就会逐渐降低，气柱高度 h 则增加，从而使井底压力 P_b 降低，井底就会进一步溢流。即使泵入重浆也会随同溢流一同喷出。所以，开井状态下，无论采用多大的循环排量，都无法循环排除井内溢流及重建井眼与地层之间的平衡。

（2）关开井状态下气柱对井底压力的影响

气体溢流后，如果长期关井不放浆泄压或节流防喷管汇堵塞无法泄压，井内液柱体积不变，井内的气体体积就保持不变（因为井眼容积等于井内液柱体积与井内气体体积之和，并固定不变）。假设气体在整个运移过程中温度不变，根据玻-玛定律，可知：井内的气体从井底沿井眼滑脱上升时的压力就会保持不变，始终保持它在井底时的压力。气体上升过程中，将这个不变的压力加到井内液柱上，作用于整个井眼，使井底、井壁和井口的压力都增加，使之承受过高的压力。当达到一定压力时，就会将上部薄弱地层（套管鞋处）压漏，造成各井场窜气，甚至井场下陷。

综上所述，在排溢流压井期间，既不能开着井口让天然气任意膨胀，使井内液柱压力和井底压力下降过多，也不能长期关井不允许天然气无膨胀，应适当控制节流阀的开度，保持井底压力略大于地层压力不变，做节流循环处理，这是唯一的安全处理措施。

（四）压井技术

1. 压井原理

压井是以“U”形管原理为依据的，利用地面节流阀产生的流动阻力和井内钻井液柱压力合成的井底压力来平衡地层压力。在压井过程中，始终保持井底压力略大于地层压力，并保持井底压力不变。以不变的压井排量向井内打入加重钻井液，随着加重钻井液的增加，节流压力逐渐减小，待加重钻井液返出井口时，节流压力降为零，井眼和地层之间又重新建立平衡。

压井循环时的压力平衡关系：

$$P_d + P_c - P_{ld} + P_{md} = P_p + P_{la} = P_a + P_{la} + P_{ma}$$

式中 P_d——关井立压，MPa；

P_c——低排量（即开井状态）循环总立压，MPa；

P_{ld}——钻柱内和钻头水眼循环压耗，MPa；

P_{md}——钻柱内未受气侵的钻井液静液柱压力，MPa；

P_p——地层压力，MPa；

P_{la}——环空循环压耗，MPa；

P_a——关井套压，MPa；

P_{ma}——环空静液柱压力，MPa。

与关井静止循环状态压力平衡关系相比，压井节流循环时作用于井底的压力只多环空流动阻力 p_{la}。通常，p_{la} 不大，就是在大排量循环时也不会超过 1.5 MPa。实际上，p_{la} 又是使井底压力增加的，压井时有利于平衡地层压力，可忽略不计。则上式可简化为：

$$p_d + p_c - p_{ld} + p_{md} \approx p_p = p_a + p_{ma}$$

因为用原浆循环，且排量始终不变，所以，p_{md}和p_{ld}就保持不变。在压井循环时为了始终保持井底压力不变，且略大于地层压力，就可以通过控制相应的循环立管总压力$p_d + p_c$，即p_T来实现。而循环立管总压力又是通过调节节流阀的开启程度来控制的。可见压井循环时的立管总压力仍可作为判断井底压力的压力计使用。

2. 压井安全措施

（1）整个排溢流压井过程中，要保持压井排量不变，P_{ld}才不变，才能实现作用于井底的压力不变。这是准确成功压井的必要保障。

（2）压井时井底压力必须略大于地层压力，并保持井底压力不变，使地层流体在重建平衡的过程中不能重新进入井内。应注意开关节流阀与压力表显示的滞后时间，防止节流阀开关过头。

（3）压井过程中，严格按照井控要求和措施施工，不能造成井喷事故。

（4）压井时，不能使井眼受压力过大，要保证不压漏地层，避免出现井下复杂情况和地下井喷。

（5）要保护油气层，防止损害油气层的生产能力。

（6）压井时，不能用钻进排量压井，压井排量一般取钻进时排量的1/3～1/2。这是因为：正常循环压力加上关井立管压力也许超过泵的额定工作压力；大排量高泵压所需的功率，也许要超过泵的输入功率；大量流体经阻流器可以引起过高的套管压力，如果压井循环时，阻流器堵塞，将导致地层破裂。

采用较低排量时，由于降低了泵等钻井设备的负荷，也就提高了钻井设备在压井作业中的可靠性。在关井立压相当大时也能压井，不致泵压太高。同时，较低的循环速度，改进了加重时对钻井液密度的控制，并且在调节节流阀时，有较长的反应时间。

3. 压井基本数据准备

（1）判断溢流类型

$$\rho_w = \rho_m - 102\ (p_a - p_d)\ /h_w$$

式中ρ_w——溢流密度，g/cm³；

ρ_m——钻柱内（未受侵污的）钻井液密度，g/cm³；

p_a——关井套管压力，MPa；

p_d——关井立管压力，MPa；

h_w——井眼内溢流高度，m。

$$h_w = \Delta V / V_a$$

式中ΔV——钻井液池增量，m³；

V_a——溢流所在井段环空容积系数，m³/m。

若 $\rho_w = 1.07 \sim 1.20$ g/cm³，则为盐水溢流；若 $\rho_w = 0.12 \sim 0.36$ g/cm³，则为天然气溢流；若 $\rho_w = 0.36 \sim 1.07$ g/cm³，则为油溢流或混合流体溢流。

（2）计算压井钻井液密度的方法

1）根据地层压力计算，再加附加值的方法：

$$\rho_k = 102\ (p_p + p_e)\ /H$$

式中ρ_k——压井钻井液密度，g/cm³；

p_e——安全附加压力值，MPa；

H——产层垂直深度，m。

2）根据关井立管压力计算压井钻井液密度的方法：

$$\rho_k = \rho_m + 102 p_d / H + \rho_e$$

式中 ρ_e——安全附加当量密度值，g/cm³。

3）为尽快尽早压井，防止压漏地层，造成油气层损伤，国外常用地层压力当量密度作为压井钻井液密度。

（3）根据井控常用数据附表，查出每米钻柱内容积、环空容积、钻具排替量、井眼容积，计算出注满钻柱内容积、环空容积、钻具排替量、井眼容积所对应的时间、排量或冲数及加重钻井液量。填写压井施工单。

4. 现场录取低泵速压耗的方法

（1）利用实测法求低泵速压耗的方法

测定时一般选用钻进排量的 1/3～1/2 作为压井排量。作为防喷措施之一，要求井队在钻进到可能的高压地层井段之前，每天早班选择好压井排量进行循环测试。把测试的立管压力及所用排量记录到班报表上，以便压井时查用。若引起流动阻力的因素改变，用选定的压力排量重测循环系统流动泵压。例如，改变钻头水眼组合、换泵缸套、处理钻井液钻具结构改变等都要重新测定压井泵速的泵压。现场一般通过降泵冲数、换缸套或拆凡尔达到降低排量的目的。

（2）利用关井立压及初始压井立管总压力求测 p_d。操作方法如下：①缓慢开泵，同时打开节流阀及下游的平板阀，调节节流阀保持套管压力等于关井套管压力。②使泵排量逐渐达到压井排量并保持不变，调节节流阀，使套管压力等于关井套压。③记录此时的立管压力就是近似的 p_{Ti}，则：$p_{ci}=p_{Ti}-p_d$。

（五）压井方法

根据溢流井喷井自身所具备的条件及溢流、井喷势态，压井方法可分为常规压井方法和特殊压井方法两大类。

常规压井方法就是指溢流、井喷发生后，能正常关井，节流循环时能始终保持井底压力略大于地层压力的压井方法，如二次循环法（司钻法）、一次循环法（工程师法）、边循环边加重等方法。

特殊压井方法就是指溢流井喷井不具备常规压井方法的条件而采用的压井方法，如井内钻井液喷空的压井、井内无钻具的压井、又喷又漏的压井方法等。

1. 司钻法压井

司钻法也称两步控制法或二次循环法。在发生溢流关井后，先用原密度钻井液循环排出溢流，再用加重钻井液压井的方法，是用两个循环周完成的。该方法往往在边远井及加重剂供应不及时的情况下采用。此方法较为简便、加重时间充足，现场容易掌握和操作，从关井到恢复循环的时间短。

压井程序：

(1) 准备压井所需数据：数据查表与录取。

(2) 填写压井施工单：将查表与录取的各项数据填入压井施工单，绘出立管压力控制进度，作为压井施工的依据。

(3) 压井步骤

1) 用原钻井液循环排除溢流。

①缓慢开泵，迅速打开节流阀及下游的平板阀，调节节流阀使套管压力保持关井套管压力不变。一直保持到达到压井排量。

②排量逐渐达到选定的压井排量，并保持不变，调节节流阀使立管压力等于初始循环立管总压力 P_{Ti}，并在整个循环周保持不变。调节节流阀时，注意压力传递的迟滞现象。液柱压力传递速度大约为 300 m/s，3000 m 深的井，需要 20 s 才能把节流变化的压力传递到立管压力表上。

③溢流排完时，停泵关井，则应 $p_d=p_\alpha$，在排溢流的过程中，应配制加重钻井液，准备压井。

2) 用加重钻井液压井，重建井内压力平衡。

①缓慢开泵，迅速开节流阀及下游的平板阀，调节节流阀，保持关井套压不变。

②排量逐渐达到压井排量，并保持不变。在加重钻井液从井口到钻头这段时间内，调节节流阀，控制套压等于关井套压不变（$p_\alpha=p_d$）。也可按压井施工单进行控制操作。立管总压力由 p_{Ti} 逐渐下降到终了循环立管总压力 p_{Tf}。

③加重钻井液从钻头返出后，沿环空上返过程中，调节节流阀，控制立管压力等于终了循环立管总压力，并保持不变，直到加重钻井液返出地面，停泵，关节流阀及下游平板阀，此时若 $p_d=0$，$p_\alpha=0$，则说明压井成功。开井循环，调整钻井液性能，

恢复生产。

2. 工程师法压井

工程师法压井又称一次循环法。溢流发生后，迅速关井，记录溢流数据，填写压井施工单，绘出立管压力控制进度表，加重钻井液，用加重钻井液在一个循环周内完成排溢流和压井作业。

该法压井时间短，经济效益好，井口装置、井壁和井底承压比其他方法小。但是，在压井时，要求现场必须有足够的加重材料，具备快速加重设备及手段，从关井到恢复循环的时间较长。

压井步骤：

(1) 准备压井所需数据：数据查表与录取。

(2) 填写压井施工单：将查表与录取的各项数据填入压井施工单，绘出立管压力控制进度，作为压井施工的依据。

(3) 施工操作方法

1) 缓慢开泵，迅速打开节流阀及下游平板阀，调节节流阀，使套压保持关井时的套压不变；逐渐达到压井排量并保持不变；这时不再保持套压不变，应调节节流阀，使立管压力等于初始压井立管压力。

2) 在加重钻井液由地面到达钻头这段时间内，调节节流阀，控制立管压力按“立管压力控制进度表”变化，即由初始立管总压力降到终了立管总压力。

3) 加重钻井液从钻头返出沿环空上返过程中，调节节流阀，使立管压力保持终了立管总压力不变，直到加重钻井液返出地面。停泵关井，检查套管压力和立管压力是否为零。若为零，说明压井成功。开井循环并调整钻井液性能，恢复正常钻井作业。

常规井控作业中应避免的不安全做法：①溢流后不及时关井，仍开井观察，如停泵或开泵循环观察；②溢流后不先关井，试图将钻具起到套管内；③起下钻溢流后不先关井，试图将钻具全部起完或下到井底；④溢流关井后，认为井内已安全而长时间关井不进行排溢流压井作业；⑤压井钻井液密度过高或过低；

⑥排除气体溢流时试图保持池液面不变；⑦试图在敞开井口不节流循环的情况下，使泵入速度大于溢流速度。

3. 空井压井方法（属于特殊压井方法之一）

（1）发生溢流原因：由于起钻时发生强烈抽吸，地层流体进入井内，或因电测等空井作业时，钻井液长期静止而被气侵，不能及时除气。

（2）处理方法：空井发生溢流不能再将钻具下入井内时，应迅速关井，记录关井压力。然后用体积法将井内气体排出。

（3）压井原理：在控制一定的井口压力以保持压稳地层的前提下，间歇放出钻井液，让天然气在井内膨胀，上升到井口。

（4）操作方法：先确定允许的套压升高值，当套压上升到允许的套压值后，通过节流阀放出一定量的钻井液，然后关井。关井后气体又继续上升，套压再次升高，再放出一定量的钻井液。重复上述操作，直到井内充满钻井液。

4. 钻井液喷空时的压井方法（属于特殊压井方法之一）

（1）井内无钻具或钻具很少时，采用“置换法”压井，向井内强行泵入一定量的钻井液，关井。使钻井液下沉至井底，再放气泄掉一定量的井口压力，其值应等于灌入钻井液所增加的压力值。

重复上述操作，间歇泵入钻井液、间歇释放压力，就可以使井内静液柱压力逐渐增加，井口套压逐渐降低，最后建立新的平衡。

（2）钻具在井底时，向井内强行注入加重钻井液，并使钻井液进入环空，慢慢地在环空建立液柱压力。当钻井液在环空返到一定高度，关井套压不很高时，则可通过节流阀进行循环压井。

5. 低套压压井方法（属于特殊压井方法之一）

低套压压井是指发生溢流后不能关井，若关井，套压就会超过最大允许关井套压，因此不能关死井，只能控制在接近最大允许关井套压的情况下节流放喷。

（1）不能关井的原因：高压浅气层发生溢流；表层或技术套管下得太浅；发现溢流太晚。

（2）压井原理：低套压压井就是在井不能完全关闭的情况下，通过节流阀控制套压，使套压在不超过极限套压的条件下进行压井。当加重钻井液在环空上返到一定高度后，可在极限套压范围内试行关井。关井后，求得关井立管压井和压井钻井液密度，然后再用常规法压井。

（3）减少地层流体的措施：低套压压井过程中，由于井底压力不能平衡地层压力，地层流体仍会继续侵入井内，从而增加了压井的复杂性。为了减少地层流体的继续侵入，则增大压井排量，可以使环空流动阻力增加，有助于增大井底压力，抑制和减少地层流体的继续侵入；提高第一次循环的重钻井液密度，可使加重钻井液进行环空后，能较快地增加环空的液柱压力，降低井口套压；如果地层破裂压力是最小极限压力时，当溢流被顶替到套管内以后，可适当提高井口套压值。

6. 又喷又漏的压井方法（属于特殊压井方法之一）

井喷与井漏同存在于一裸眼井段中的压井。这种情况需优先解决漏的问题，否则，压井时因压井钻井液的漏失而无法维持井底压力略大于地层压力。根据又喷又漏产生的不同原因，其表现形式可分为上喷下漏、下喷上漏和同层又喷又漏。

（1）上喷下漏的处理

上喷下漏俗称“上吐下泻”。这是因在高压层以下下钻遇低压层（裂缝、空隙十分发育）时，井漏将钻井液和储备钻井液消耗已尽，井内得不到钻井液补充，使井内液柱压力降低而导致上部高压层井喷。

其处理步骤是：

1）在高压层以下下钻遇井漏时，应立即停止循环，间歇定时定量反灌钻井液以降低漏速，尽可能维持一定液面高度来保证井内液柱压力略大于高压产层的地层压力。

确定反灌钻井液的量和间隔时间有三种方法：

①通过对地层钻井资料的分析统计出的经验数据确定；

②用井内液面监测仪表（如回声仪）测定漏速后确定；

③由建立的钻井液漏速计算公式决定。最简单的漏速公式是：

$$Q=\pi D^2 h\ (4T)$$

式中Q——漏速，m^3/h；

D——井眼平均直径，m；

h——时间 T 内井眼液面下降高度，m；

T——时间，h。

此外，还有一些考虑地层因素（如空隙度、地层裂缝张开度、油气运移通道的长度和直径等）、钻井液性能（如塑性流型钻井液的动切应力、塑比黏度）、井底压差、水力阻力系数等因素的计算漏速公式，但目前还难以应用于现场。

2）反灌钻井液密度应是产层压力当量密度与安全附加当量钻井液密度之和。

3）当漏速减小时，井眼-地层压力系统呈暂时平衡状态后，可着手堵漏，堵漏成功后就可压井了。

（2）下喷上漏的处理

当钻遇高压层发生溢流后，提高钻井液密度压井而将高压层上部某地层压漏时，就会出现所谓的下喷上漏。其处理方法是：溢流发生后压井造成上部地层漏失，应立即停止循环，间歇定时定量反灌钻井液。然后隔开喷层和漏层，再堵漏以提高漏层的承压能力，最后压井。

隔开喷层和漏层及堵漏压井的方法有：

1）注水泥塞隔离和注水泥堵漏：此方法是将钻具置于喷层以上不远处，注一水泥塞以隔离喷漏层。然后对上部地层找漏并注水泥堵漏，再用压井钻井液对漏层试压合格后才钻开水泥塞。若为多层漏失，则层层试漏，漏了再堵，直至恢复钻进。

2）注重晶石塞和水泥塞隔离及堵漏：如果压井后在喷层以

上注水泥难以形成水泥塞，则改注重晶石塞，在重晶石塞以上注水泥塞达到隔离及堵漏目的。

3）注一定密度的钻井液堵漏及压井：此方法用于漏层接近喷层，井眼-地层压力系统不易稳定的动平衡状态和在漏层位置不清，无法注水泥塞作业时。

4）不压井起钻后下套管，压井，再注水泥固井：当起下钻中途井喷压井时，预知的喷层上部低压层将发生漏失，在允许提前下套管的前提下可采用此法。

5）注超重钻井液压井然后堵漏：若喷层与漏层相距甚远，可在漏层以下注一超重钻井液压住井喷，然后对上部漏层堵漏。

（3）同层又喷又漏的处理

同层又喷又漏多发生在裂缝、孔洞发育的地层，或压井时井底压力与井眼周围产层压力恢复速度不同步的产层。这种地层对井底压力变化十分敏感。井底压力稍大则漏，稍小则喷。处理方法是：间隔定时反灌一定数量的钻井液，维持低压头下的漏失，起钻，下光钻杆堵漏或起钻，下油管完井。

7. 浅井段溢流的处理（属于特殊压井方法之一）

这种情况往往发生在未下技术套管的井。由于表层套管下得不深，地层破裂压力低，浅井段发生溢流后就不能使用常规压井方法关井求压后再压井。否则过高的关井压力会压漏地层，也有可能超过表层套管的抗内压强度。其处理方法一般是打一段超重钻井液控制溢流，然后再根据情况决定是下套管封隔，或是用膨胀式钻井封隔器，或是调整钻井液密度继续钻进。若确认这种浅气层储量很少，也可以采用有控制地放喷，使其在短时间内衰竭，然后封堵或直接恢复钻进。

8. 溢流控制过程中可能出现的问题及其显示

在溢流控制过程中可能会遇到各种问题，这些问题出现后如果不能正确迅速地判断解除，将会危及井眼的安全，甚至使井眼失去控制，使井眼报废，见表6-1。

表 6-1　溢流控制过程中可能出现的问题及显示

显示	立管压力	套管压力	泵速	悬重
循环漏失			△	▲
钻具刺			△	
钻具断			△	
水眼堵	▲			
节流阀堵塞	▲	▲		
节流阀刺坏			△	
泵出事故			△	

注：▲ 表示主要影响，△ 表示次要影响。

五、三级井控

（一）井喷失控及其可能造成的危害

井喷失控泛指井喷后井口装置和井控管汇失去了对油气井的有效控制，甚至着火。油井失控和气井失控各有其特点和复杂性，气井或含气油井处理更为困难。由于天然气具有密度小、可压缩、膨胀、易溶性，在钻井液中易滑脱上升，易爆炸燃烧，难以封闭等物理化学特性，因而稍有疏忽，气井和含气油井比油井更易井喷和失控着火。其危害性可概括为以下八个方面：

（1）打乱全局的正常工作程序，影响全局生产。

（2）使钻井事故复杂化、恶性化。

（3）极易引起火灾（如井场、苇地及森林）。

（4）影响井场周围居民的正常生活，甚至生命安全。

（5）污染环境，影响农田、水利和渔牧业生产以及交通、通讯的正常运行等。

（6）伤害油气层，毁坏地下油气资源。

（7）造成人力及物力上的巨大损失，严重时造成机毁人亡和油气井报废。

（8）降低企业形象，造成不良的社会影响。

（二）井喷失控的处理方法

井喷失控的处理方法主要是围绕着怎样使井口装置、井控管汇重新恢复对油气喷流的控制而进行的。井喷失控井虽各有其特点和复杂性，但基本处理方法却是相同的。一般的处理过程都是先将三级井控转化为二级井控，即：重装井口，恢复对井口的控制。再将二级井控转化为一级井控，即：只利用合理的压井钻井液密度就能平衡地层压力，恢复正常钻井作业。

1. 明确抢险责任，制定抢险方案

井喷失控一旦发生，要迅速成立现场抢险组，明确抢险责任，统一指挥和协调抢险工作。应根据现场所了解的油气流喷势大小、井口装置和钻具的损坏程度，结合对钻井、地质资料的综合分析制订有效的处理方案，调集抢险人员和设备。

2. 着火的失控井应严防着火，无论着火与否皆要保护好井口装置

钻机、井架等设备烧毁，不但会造成直接经济损失，还会使事故的处理更为复杂。因而，井喷失控后首先要防止着火。除现场采取有效的防火措施外，应准备充足的水源和供水设备，至少达到每小时供水 500～1000 m^3 的能力，并以每分钟 1～2 m^3 的排水量经防喷器四通向井内注水和向井口装置及周围喷水，达到润湿喷流、清除火星的目的。

对于已着火的井，同样应由防喷器四通向井内注水，向井口装置喷水，这样可以冷却保护井口装置，避免零部件烧坏和在其他毁坏设备（如井架、钻机、钻具及工具等）的重压下变形。

3. 划分安全区

在井场周围设置必要的观察点，定时取样测定油气喷流的组分、硫化氢含量、空气中的天然气浓度、风向等有关数据，并划分安全区，疏散人员，严格警戒。及时将贮油罐等隐患设备、物资拖离危险区，避免引起人身中毒和油罐、高压气瓶的爆炸。

4. 清除井口周围的障碍物

无论失控井着火与否，都得清除井口装置周围可能使其歪斜、倒塌、妨碍处理工作进行的障碍物，如转盘、转盘大梁、防溢管、钻具、倒塌的井架等，暴露和保护井口装置。

对于着火的失控井，清除障碍物可使燃烧的喷流集中向上，给灭火及换装井口创造条件。着火井应在灭火前带火作业（切割、拖拉）清除障碍物。清理工作要根据地理条件、风向，在消防水枪喷射水幕的保护下，本着“先易后难、先外后内、分段切割、逐步推进”的原则进行，切割手段有氧炔焰切割、纯氧切割、水力喷砂切割等。

未着火的失控井在清除设备时还要提防产生火花。其防止方法有三种：一是要大量喷水；二是要使用铜榔头、铜撬扛等铜制工具；三是切割时最好采用水力喷砂切割，禁用明火切割。

内含有毒气体的未着火井要注意防毒，避免人身伤亡。若有毒气体含量很高，毒性很强，又不能有效地在短时期内控制时，可考虑点火以减少产生的恶果。

5. 灭火

可采用下述方法扑灭不同程度的油气井火灾。

（1）密集水流法：此法是以足够的排量，从防喷器四通向井内注水和向井口喷水的同时用消防水集中喷射，在向上燃烧的火焰最下部形成一完整水层，并逐步向上移动水层，把火焰往上推以切断井内喷流与火焰的“联系”，达到灭火的目的。但此法灭火能力较小，仅适用于小产量、喷流集中向上的失控井。

（2）突然改变喷流方向灭火法：此法是在注入和喷射水流的同时，突然改变喷流的方向，使喷流与火焰瞬时中断而灭火。改变气流方向可借助特制遮挡工具或被拆吊的设备（如转盘等）来实现。此法的灭火能力也有限，只适于中等以下产量、喷流集中于某一方向的失控井。

（3）空中爆炸灭火法：此法是将炸药放在火焰下面，利用爆炸时产生的冲击波将喷流往下压的同时，把火焰往上推，造成喷流与火焰的瞬时切断。同时，爆炸产生的二氧化碳等废气又起到隔绝空气的作用。火焰在双重作用下熄灭。

爆炸的规模要严格控制，既能灭火又不会损坏井口装置。对炸药的性能应有特殊要求，如撞击时不易爆炸，遇水时不失效，高温下不易爆炸和容易引爆等。

(4) 快速灭火剂综合灭火法：此法将液体灭火剂经防喷器四通注入井口与油气喷流混合，同时向井口装置喷射干粉灭火剂包围火焰，内外灭火剂综合作用达到灭火的目的。

国内油气田常用的、行之有效的液体化学灭火剂主要有1211和红卫912两种。1211灭火剂主要用于以天然气为主的失控井。1211与天然气反应时，变可燃气体为不燃气体，且具有降温隔氧作用，从而阻止了天然气与氧的燃烧反应，致使火焰熄灭。红卫912灭火原理与1211相同。另外，可用于以天然气为主的失控井。以油为主的失控井的灭火剂还有小苏打干粉灭火剂。灭火时，粉末表面与火焰接触使燃烧连锁反应中断，达到灭火目的。用干粉炮车喷射干粉时，应根据炮车生产厂家提供的资料确定干粉炮车与火焰的距离和喷射干粉灭火的有利时机。

必须强调的是，密集水流法是上述几种灭火方法必须同时采用的最基本方法，其喷水量应达到使井口装置和其他设备、构件充分冷却，全面降温至滴水程度。为了防止灭火后复燃，火灭后仍需继续向井内注水和向井口装置外部及周围设备、构件喷水。

(5) 钻救援井灭火法：此法是在失控着火井附近钻一口或多口定向井与失控着火井连通，然后泵入压井钻井液，压井、灭火同时完成。救援井压井的目的是制止与其连通的失控着火井油气流继续喷出。压井时，还需考虑救援井井口装置、套管和地层的承压能力。

理想的救援井应在井喷层段与喷井相交，当然，这需要精确的定向控制技术。一般来说，救援井与喷井总是立体相交而隔有一段距离，但可借助救援井的水平射孔和压裂及其他方法使之连通。

6. 设计和换装新的井口装置

根据失控井的特点和下一步作业的要求，设计和换装新的井口装置以重新控制喷流。设计新井口装置的主要原则是：

（1）在油气敞喷情况下便于安装，其通径不小于原井口装置的通径，密封钢圈要固定。

（2）原井口装置各部件因损坏、变形等原因不能利用的必须拆除以保证新井口装置安装后的承压能力。

（3）能大通径放喷控制低回压，避免承压能力降低了的原井口装置保留部分（如底法兰等）因过高的回压发生破坏。

（4）优先考虑安全可靠地控制井喷的同时，应兼顾控制后进行井口倒换、不压井起下管柱、压井、处理井下事故等作业。

（5）空井失控井的新井口装置最上面，一般都应装一个大通径的中压闸门，在敞喷的情况下先用它关井，可避免直接用闸板防喷器关井时闸板橡胶密封件被高速喷射的油气流冲坏。

拆除旧井口装置可采用绞车加压扶正、导向、长臂吊车整体吊离。安装新井口装置，可采用整体吊装或分件扣装法进行。无论井口装置的拆除或安装，都应尽可能远距离操作，尽量减少井口周围的作业人数，缩短作业时间，消除着火的可能性。施工前须预先进行技术交底和模拟演习。新井口装置安装好后，失去控制的喷流就变成了有控制的放喷，给下一步处理创造了条件。

7. 不压井强行起下管柱、压井或不压井完井

井喷失控事故的复杂性，除井口装置、井控管汇损坏外，多数情况下钻具（或油管）被冲出井筒或掉入井内，或钻具在井口严重损坏与变形。新井口装置安装好后，一般都要进行不压井强行起下管柱或打捞作业，然后是压井或不压井完井。

井喷失控井的压井施工，因产层较长时间地敞喷，原始能量损失较大，还需考虑“压堵兼施”的方案对付压井中可能出现的漏失。对于产量大、地层压力梯度高、渗透性好的产层，为使压井钻井液尽快在井内形成液柱，除尽可能控制较高的井口套压

外，还需具备三个优势：其一是钻井液密度优势，即压井钻井液密度比按估算地层压力计算的压井钻井液密度要高，甚至可用超重钻井液压井；其二是排量优势，即以所用缸套额定泵压下的最大排量压井；其三是钻井液贮备量的优势，即压井钻井液贮备量至少三倍于井筒，并备有一定量的轻钻井液。当井内液柱形成，可通过液柱压力加上控制套压略大于地层压力，压井施工可转入常规压井作业。

井喷失控的处理工作不应在夜间进行，以免发生抢险人员伤亡事故，以及因操作失误而使处理工作复杂化。施工的同时，不应在现场进行可能干扰施工的其他作业。

气象出版社安全专业图书目录

一、全国特种作业人员安全技术培训考核统编教材

（一）通用系列

《电工作业》、《金属焊接与切割作业》、《小型制冷与空调作业》、《工业制冷与空调作业》、《登高架设作业》、《企业内机动车辆驾驶员》、《电梯作业》、《起重机司机》、《起重司索指挥作业》、《烟花爆竹生产经营企业安全培训教材》、《加油加气站从业人员安全生产培训教材》、《工业锅炉水处理技术》、《危险化学品经营单位安全管理培训教材》、《危险化学品生产单位安全管理培训教材》、《特种作业人员安全技术培训大纲及考核标准通用部分》

（二）矿山系列

《带式输送机操作工》、《矿井泵工》、《矿用汽车驾驶员》、《铲运机司机》、《主提升机操作工》、《主扇风机操作工》、《尾矿工》、《绞车操作工》、《矿用机车司机》、《矿井通风工》、《爆破工》、《信号工·拥罐工》、《凿岩工》、《安全检查工》、《挖掘机操作技术》、《装载机操作技术》、《石油天然气司钻作业》

（三）复审系列

《电工作业》、《金属焊接与切割作业》、《企业内机动车辆驾驶员》、《起重作业（含起重司索指挥作业）》、《电梯作业》、《登高架设作业》、《工业制冷与空调作业》、《小型制冷与空调作业》

（四）考试题库

《电工作业考试题库》、《金属焊接与切割作业考试题库》

二、企业安全教育培训类

《危险作业安全技术与管理》、《安全生产检查实务》、《生产经营单位主要负责人安全培训教材》、《生产经营单位安全管理人员安全培训教材》、《生产经营单位从业人员三级安全教育培训教材》、《车间主任安全生产培训教材》、《新员工岗前安全培训教材》、《农民工安全生产教育读本》、《矿山企业主要负责人安全培训教材》、《矿山企业安全生产管理人员安全培训教材》、《企业常见事故案例分析与控制》、《举案解读安全生产法规》、《工业危险辨识与评价》、《生产经营单位负责人安全教育读本》、《〈生产安全事故报告和调查处理条例〉解读》、《公共安全应急管理》、《学校突发事件应急管理》、《建筑施工安全》